新疆特色的轨道交通类专业教学体系研究课题成果

城市轨道交通运营管理专业培养方案及教学标准

主　编　牛云霞　段明社

副主编　张　荣　苏　颖

主　审　邓　超[乌鲁木齐城市轨道集团有限公司]

　　　　吕　雯[新疆交通职业技术学院]

人民交通出版社股份有限公司
China Communications Press Co.,Ltd.

内 容 提 要

本书包括四部分内容:第一部分为专业人才培养方案;第二部分为专业基础课程标准;第三部分为专业核心课程标准;第四部分为专业拓展课程标准。课程标准共20门,涵盖专业基础课、专业核心课和专业拓展课。

本书融职业教育教学特色与城市轨道交通运营管理和服务行业特色于一体,可用于指导高等职业院校城市轨道交通运营管理专业人才培养方案的设计与课程开发,并可作为专业教材编写的重要依据。

图书在版编目(CIP)数据

城市轨道交通运营管理专业培养方案及教学标准/牛云霞,段明社主编.—北京:人民交通出版社股份有限公司,2016.8

新疆特色的轨道交通类专业教学体系研究课题成果

ISBN 978-7-114-13225-4

Ⅰ.①城… Ⅱ.①牛… ②段… Ⅲ.①城市铁路—交通运输管理—职业教育—教学参考资料 Ⅳ.①U239.5

中国版本图书馆CIP数据核字(2016)第171044号

新疆特色的轨道交通类专业教学体系研究课题成果

Chengshi Guidao Jiaotong Yunying Guanli Zhuanye Peiyang Fang'an ji Jiaoxue Biaozhun

书　　名:城市轨道交通运营管理专业培养方案及教学标准

著 作 者:牛云霞　段明社

责任编辑:司昌静

出版发行:人民交通出版社股份有限公司

地　　址:(100011)北京市朝阳区安定门外外馆斜街3号

网　　址:http://www.ccpress.com.cn

销售电话:(010)59757973

总 经 销:人民交通出版社股份有限公司发行部

经　　销:各地新华书店

印　　刷:中石油彩色印刷有限责任公司

开　　本:787×1092　1/16

印　　张:9.25

字　　数:221千

版　　次:2016年8月　第1版

印　　次:2016年8月　第1次印刷

书　　号:ISBN 978-7-114-13225-4

定　　价:120.00元

(有印刷、装订质量问题的图书由本公司负责调换)

序

2011年11月26日,乌鲁木齐地铁正式得到国家发展改革委的批复,乌鲁木齐市步入轨道交通时代,掀开了地铁建设的热潮。为了适应市场需求,新疆交通职业技术学院于2008年申报开办电气化铁道技术专业,经过多年努力,形成了集轨道交通工程、机电、信号、运营为一体的技能型人才培养格局,与乌鲁木齐城市轨道集团有限公司签订订单培养300多人,在各地铁路部门就业200余人,轨道交通人才培养呈现良好的发展态势。

新专业的开办面临的是人才培养方案的修订、师资队伍的培养、实验实训条件的建设等一系列专业建设问题。为解决好这些问题,本人带领轨道交通专业教学团队,向新疆维吾尔自治区交通运输厅申报了《新疆特色的轨道交通类专业教学体系研究》科技重点课题,在自治区交通运输厅的大力支持下,于2013年7月正式开展相关研究。研究团队先后前往北京地铁、南京地铁、广州地铁等企业进行调研,在广东交通职业技术学院、北京交通运输职业学院、南京铁道职业技术学院等兄弟院校进行了人才培养方案论证和师资培养交流,进而形成了专业人才培养方案和课程标准,以期指导专业建设,同时形成了《轨道交通信号系统维护》等部分特色教材,用于相关专业的教学。现将相关成果进行集中出版,以期能够在更广的范围内获得应用,更是启发后续相关专业建设的关键。

课题研究得到了乌鲁木齐城市轨道集团有限公司的大力支持以及相关企业和兄弟院校的帮助,在此表示诚挚感谢。南京铁道职业技术学院林瑜筠教授,北京交通大学毛宝华教授,广东交通职业技术学院王劲松教授、吴晶教授、黎新华教授,乌鲁木齐城市轨道集团有限公司的徐平、邓超等专家给予了指导和支持,人民交通出版社股份有限公司相关编辑、课题团队成员为系列成果出版做了大量工作,在此一并致谢。

段同社

二〇一六年五月

前　　言

随着乌鲁木齐市地铁建设的开展，对城市轨道交通运营管理及服务人才的需求日趋迫切。新疆交通职业技术学院顺应城市轨道交通建设发展对人才的需求，于2013年开办了城市轨道交通运营管理专业。几年来，专业建设团队通过到兄弟院校开展专业调研，到相关院校进行学习培训，到轨道交通车站进行实地考察，并多次进行校内外专家分析论证，对城市轨道交通运营管理专业进行了岗位群的典型工作任务和职业能力分析，形成了基于工作过程的专业课程体系。在课程体系优化的基础上，形成了城市轨道交通运营管理专业人才培养方案与课程标准，并编辑成本书出版。

本书由新疆交通职业技术学院运输管理分院管理教研室组织编写。全书共包括四部分内容：第一部分为专业人才培养方案，第二部分为专业基础课程标准，第三部分为专业核心课程标准，第四部分为专业拓展课程标准。专业人才培养方案由牛云霞执笔。课程标准共20门，涵盖专业基础课、专业核心课和专业拓展课。其中，管理学基础课程标准由潘杰执笔；应用文写作课程标准由殷佩蓓执笔；轨道交通概论课程标准由叶剑锋执笔；经济学基础课程标准由杨柳青执笔；旅客心理学课程标准由王彦执笔；市场调查与预测课程标准由苏颖执笔；轨道交通运营安全课程标准由高原执笔；轨道交通客运组织课程标准由牛云霞执笔；沟通实务课程标准由周彩云执笔；轨道交通运输设备课程标准由苏颖执笔；客运服务礼仪课程标准由刘文静执笔；基础会计课程标准由吕雯执笔；轨道交通通信与信号课程标准由牛云霞执笔；轨道交通线路与场站设计课程标准由牛云霞执笔；城市公共交通运营管理实务课程标准由张荣执笔；交通政策法规课程标准由杨慧峰执笔；铁路运输组织课程标准由张荣执笔；城市轨道交通专业英语课程标准由张学琴执笔；市场营销课程标准由刘文静执笔；仓储管理实务课程标准由王峰峦执笔。参与课程标准编制的还有李林艳等。本书编写过程中得到乌鲁木齐市城市轨道集团有限公司高级工程师徐平、惠鹏程等生产一线技术专家的指导和帮助。

本书融职业教育教学特色与城市轨道交通运营管理和服务行业特色于一体，可用于指导高等职业院校城市轨道交通运营管理专业人才培养方案的设计与课程开发，并可作为专业教材编写的重要依据。

由于编者水平有限，书中难免有不足之处，敬请读者批评指正。

作　者

二〇一六年五月

目　录

第一部分　专业人才培养方案

第二部分　专业基础课程标准

第三部分　专业核心课程标准

第四部分　专业拓展课程标准

第一部分

专业人才培养方案

专业人才培养方案说明

根据相关资料，乌鲁木齐市轨道交通远景线网共规划了 7 条线路，全长 211.9km。其中 1 号、2 号、5 号线为骨干线，3 号、4 号、6 号、7 号线为辅助加密线。中心城核心区线网密度 1.24km/km^2，主城中心区线网密度 0.53 km/km^2，主城外围区线网密度 0.24 km/km^2，全线网共设车站 121 座，其中换乘站 18 座。首先开工的 1 号线全长 26.5km，工程投资 179.1 亿元，共设车站 21 座，其中换乘站 7 座，计划在 2016 年完成车站和区间线路施工，2017 年完成设备安装与调试、试运营等工作，力争 2018 年投入运营。通过轨道交通建设，引导和带动区域经济的协调发展。线网基本构架形成后，预计到 2020 年轨道交通客运量占公共交通出行总量的比例将达到 10% ~14% 。

随着乌鲁木齐市地铁建设的开展，对人才需求按每千米 50 人测算，至 2020 年地铁专业人才需求就达 10000 人以上，其中运营服务与管理人员需求按 40% 测算，可达 4000 人。作为自治区内唯一一所交通类高职人才培养院校，我们肩负着轨道交通类人才培养的责任和使命，必须紧跟交通发展的趋势，及时进行专业设置和专业结构调整，编制适应社会需要的人才培养方案，为新疆轨道交通运输输送合格的、有用的技能人才。

本培养方案是学院专业教师在走访调研的基础上，综合分析原有专业申报材料和相关文献后形成的，并经过校外相关专家指导及校内专家论证后多次修改定稿。

由于编制水平有限，对职业教育和专业把握不足，纰漏之处请专家指正，我们将在后期专业建设中不断改进和完善。

专业人才培养方案

一、专业名称及代码

专业名称:城市轨道交通运营管理

专业代码:520304

二、教育类型及学历层次

教育类型:高等职业教育

学历层次:大专

三、招生对象、学制与毕业要求

(一)招生对象

高中毕业生或同等学力者

(二)学　　制

全日制三年

(三)毕业要求

1. 课程考试(核)要求

在规定年限内修完规定的必修课程和选修课程,各科考核成绩合格。

2. 计算机能力要求

获得全国高等学校非计算机专业学生计算机联合考试(简称高校等考 CCT)证书或全国计算机等级考试(简称 NCRE)证书。

3. 外(汉)语能力要求

获取高等学校英语应用能力考试(简称 PRETCO) B 级证书。

4. 职业资格证书

本专业学习内容的选取参照国家职业标准和行业资格考证的相关知识和技能要求,要求毕业生获得专业学历毕业证外,必须获得以下资格证书之一(表 1-1)。

专业职业资格证书　　表 1-1

序号	考核项目	考核发证部门	等级
1	城市轨道交通客运员	劳动保障部门或城轨企业	职业资格证书
2	城市轨道交通站务员	劳动保障部门或城轨企业	
3	城市轨道交通票务员	劳动保障部门或城轨企业	
4	初级救护	红十字会	
5	普通话	国家语言文字工作委员会	

续上表

序号	考核项目	考核发证部门	等级
6	铁路客运员	交通运输部职业技能鉴定指导中心	中级
7	铁路客运值班员	交通运输部职业技能鉴定指导中心	
8	铁路列车员	交通运输部职业技能鉴定指导中心	

四、职业目标

立足新疆区域轨道交通人才需求，重点面向城市轨道交通行业，从事车站站务员、客运员、客运值班员、行车值班员、行车调度员、车站值班站长等运营服务及管理类岗位工作，同时辐射铁路行业相关就业岗位，具备轨道交通车站行车组织、轨道交通客运组织、轨道交通客运站务服务等岗位能力。

五、职业能力

（一）岗位描述

通过3年的学习，使本专业学生胜任从事轨道交通企业一线服务与管理岗位工作的能力。本专业毕业生主要就业岗位如下。

1. 地铁、轻轨等城市轨道交通运营公司

车站站务员（包括厅巡、站台、票务等）、车站值班员（包括行车值班员、客运值班员等）、行车调度员、车站值班站长、车站站长等。

2. 铁路（包括高铁客运、城际快速轨道交通、市郊铁路等）等企业

客运员、客运值班员、行车值班员、调度员、信号员、货运员等。

（二）典型工作任务及其工作过程（表1-2）

典型工作任务及其工作过程　　表1-2

序号	岗位	典型工作任务	行动领域	职业能力	支持课程
1	站务员	1. 引导并组织乘客正确使用自动售票机（TVM）购票 2. 票务设备的正确使用 3. 正确使用其他相关设备 4. 引导乘客正确使用闸机进、出站 5. 屏蔽门、电扶梯、环控系统、机电设备监控系统等车站机电设备的使用与检查 6. 组织乘客安全、有序候车或乘降 7. 在非正常情况下能组织乘客紧急疏散（如火灾、车辆故障等） 8. 特大客流情况下的客运组织 9. 站台指示发车，下轨作业 10. 规范、有礼地做好乘客迎送工作	1. 轨道交通运输设备运用 2. 客运组织 3. 车站信号与通信系统运用 4. 服务技巧及礼仪展示	1. 轨道交通运输设备运用与维护能力 2. 旅客组织能力 3. 车站信号与通信系统运用能力 4. 服务技巧及礼仪展示能力	1. 轨道交通运输设备 2. 轨道交通客运组织 3. 轨道交通通信与信号 4. 客运服务礼仪

续上表

序号	岗位	典型工作任务	行动领域	职业能力	支持课程
2	客运值班员	1. 引导并组织乘客正确使用自动售票机(TVM)购票 2. 票务设备的正确使用 3. 正确使用其他相关设备 4. 引导乘客正确使用闸机进出站 5. 屏蔽门、电扶梯、环控系统、机电设备监控系统等车站机电设备的使用与检查 6. 组织乘客安全、有序候车 7. 组织乘客安全、有序乘降 8. 在非正常情况下能组织乘客紧急疏散(火灾、车辆故障等) 9. 特大客流情况下的客运组织 10. 站台指示发车,下轨作业 11. 规范、有礼地做好乘客迎送工作	1. 轨道交通运输设备运用 2. 客运组织 3. 票务组织 4. 车站信号与通信系统运用 5. 服务技巧及礼仪展示	1. 轨道交通运输设备运用与维护能力 2. 旅客组织能力 3. 票务组织能力 4. 车站信号与通信系统运用能力 5. 服务技巧及礼仪展示能力	1. 轨道交通运输设备 2. 轨道交通客运组织 3. 城市轨道交通通信与信号 4. 客运服务礼仪
3	行车值班员	1. 微机联锁 LOW 工作站的使用 2. 列车进出站的运行监控 3. 站台指示发车 4. 下轨作业 5. 人工现场排列进路 6. 手信号 7. 引导标志的正确使用 8. 班组的生产与安全组织管理	1. 轨道交通运输设备运用 2. 车站信号与通信系统运用 3. 行车组织 4. 车站业务组织管理 5. 服务技巧及礼仪展示	1. 轨道交通运输设备运用与维护能力 2. 车站信号与通信系统运用能力 3. 列车运行组织、排列进路能力 4. 车站业务组织管理能力 5. 客运服务技巧及礼仪展示能力	1. 轨道交通运输设备 2. 城市轨道交通通信与信号 3. 城市轨道交通行车组织 4. 客运服务礼仪
4	行车调度员	1. 监控列车运行 2. 列车运行的指挥与调整 3. 施工维修的组织管理与监控 4. 行车事故的处理 5. 调度命令的正确使用 6. 列车运行记录与分析 7. 跨部门、工种列车运行组织协调 8. 非正常情况下的应急处理 9. 自动列车监控系统(ATS)相关子系统的操作使用	1. 轨道交通运输设备运用 2. 行车调度 3. 车站业务组织	1. 轨道交通运输设备运用与维护能力 2. 行车调度能力 3. 车站业务组织管理能力	1. 轨道交通运输设备 2. 轨道交通行车组织 3. 客运服务礼仪

（三）能力与素质总体要求（表1-3）

能力与素质总体要求 表1-3

项目类别	项目要素	能力要求	课程设置
基本素质	1. 思想道德与法制观念 2. 职业道德与个人修养 3. 身体心理素质 4. 中文写作能力 5. 拼搏精神与团队意识 6. 良好的形象	树立正确的思想道德观与法制观，具有职业道德与敬业精神，具有诚信品质和责任意识，能吃苦耐劳、承受压力、敢于拼搏，具有良好的表达与形象素质及人际交往能力	1. 思想道德修养与法律基础 2. 新疆历史与民族宗教政策理论教程 3. 毛泽东思想与中国特色社会主义概论 4. 形势与政策 5. 体育 6. 军事课 7. 入学、安全教育 8. 应用文写作
基础知识	1. 计算机应用知识 2. 管理基本知识 3. 经济基本知识 4. 运输基本知识 5. 电工电子技术知识 6. 安全生产知识	1. 掌握基本的通用知识 2. 掌握管理的基本技能及应用知识 3. 掌握基本的电工电子技术知识 4. 掌握基本的运输知识 5. 掌握安全生产知识	1. 高职英语 2. 应用数学（含概率论与统计） 3. 计算机应用基础 4. 管理学基础 5. 轨道交通概论 6. 经济学基础 7. 电工电子技术 8. 城市轨道交通运营安全
专业知识	1. 轨道交通行车组织知识 2. 轨道交通客运服务知识 3. 轨道交通设备运用知识 4. 运营计划、组织的综合知识 5. 信号与通信系统运用知识 6. 服务和人际沟通基本知识 7. 财会基本知识	掌握日常行车情况组织知识，非正常情况行车组织知识、调度知识、站场设备的运用知识；掌握正常与非正常情况组织客运的知识、大客流组织客运知识、管理协调知识；掌握客运服务及礼仪展示知识；了解相关的财会基本知识	1. 轨道交通客运组织 2. 轨道交通运输设备 3. 客运服务礼仪 4. 轨道交通通信与信号 5. 基础会计 6. 铁路运输组织 7. 城市公共交通运营管理 8. 交通政策法规 9. 旅客心理学 10. 城市轨道交通专业英语
综合实操能力	1. 客运组织能力 2. 行车组织能力 3. 语言与文字表达、人际沟通的能力	具有接发列车、正常情况及非正常情况的行车组织、调车工作组织、列车运行图的运用等方面的基本能力；掌握客运组织方面的基本能力；掌握客运组织方面的基本知识，具有组织旅客乘降、客运设备的运用及简易故障处理、票务管理等方面的基本能力；具有较强的语言与文字表达、人际沟通的基本能力	1. 轨道交通客运组织 2. 客运服务礼仪
其他	社交能力、就业能力等	关注学生的心理健康教育，使学生能妥善的应对工作和生活中的各种变数，增强学生求职应聘的技能，拓宽就业范围，增强学生适应现代社会的能力	1. 就业指导与创业教育 2. 大学生心理健康 3. 沟通实务 4. 公共关系 5. 市场营销 6. 顶岗实习

六、专业培养目标

培养德、智、体、美全面发展，适应社会主义市场经济建设和现代企业管理的需要，掌握现代轨道交通运营管理的基本理论、专业知识，具备良好的职业道德，掌握轨道交通行车组织、客运组织与服务等方面专业知识，具备较强的城市轨道交通运营组织能力，能从事轨道交通客运组织、行车组织、客运站务服务等工作的高素质技能型专门人才。

七、课程体系设计

（一）课程体系构建思路

通过调研，分析本专业人才需求情况，确定专业培养目标。根据岗位要求和职业考核标准，以学生能力培养为主导，以技能训练为主线，培养学生实际工作能力，构建“双主体，四融通”的人才培养模式（图1-1）。

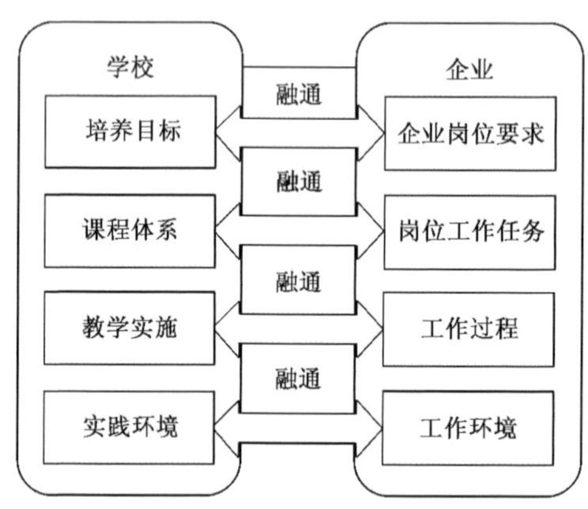

图1-1　城市轨道交通运营管理专业“双主体，四融通”人才培养模式

专业人才培养，由学校和企业双主体共同完成，学校与企业共同确定专业人才培养目标、构建课程体系，共同实施教学。在专业人才培养过程中，学校与企业的融通主要有4个层面。第一个层面的融通是目标层面。学校的专业教师与行业、企业专家合作，依托轨道交通类企业进行调研，共同确定企业核心岗位要求，制订专业人才培养目标。第二个层面的融通是课程体系层面。成立城市轨道交通运营管理专业建设指导委员会，学校和企业共同对专业面向的核心岗位进行典型工作任务分析和岗位能力分析，共同开发课程，构建系统化的课程体系。第三个层面的融通是教学层面。在教学过程中，通过对岗位人员工作过程分析，设计教学过程；通过对岗位角色的分析，设计学习角色；通过对工作情境的分析，设计教学情境。第四个层面的融通是保障层面，按照企业工作环境的要求进行实训室建设，按照工作流程设计实训流程；加强校企合作，加强教学团队培养，按照企业工作人员素质要求建设教学团队；共同建设教学资源库，如开发校企合作教材等，使学习者能够体会到学习与工作的紧密融合。

通过调研，确定本专业就业面向和就业核心岗位，进行典型工作任务提炼，进行职业能力分析，确定职业核心岗位及所需职业能力。根据岗位要求和职业考核标准，以学生能力培养为主导，以技能训练为主线，培养学生实际工作能力，构建系统化的专业课程体系（图1-2）。

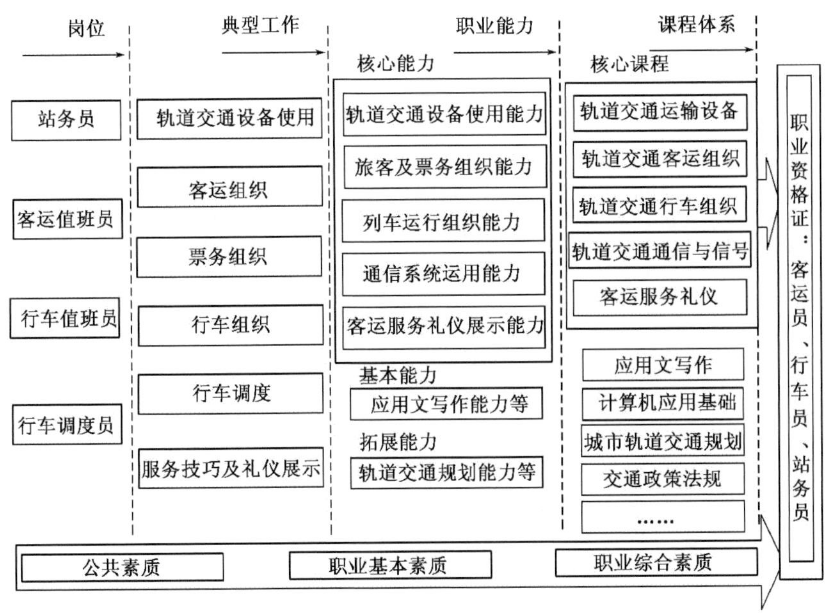

图 1-2　城市轨道交通运营管理专业课程体系构建

(二)专业核心能力培养体系设计

专业核心能力培养体系以专业能力培养为核心,围绕核心能力(表 1-4)的客观规律安排教学内容,通过对职业核心岗位进行分析,构建本专业核心能力培养体系。

专业核心能力要求　表 1-4

核心能力	能 力 要 求	知 识 体 系
客运组织能力	1. 能进行车站日常运作与管理 2. 能进行交通客流调查、预测与分析 3. 能进行车站日常客流、换乘客流、大客流、突发事件客流组织 4. 能进行车站突发事件应急处理	1. 城市轨道交通车站运作管理 2. 城市轨道交通客流 3. 城市轨道交通车站客流组织 4. 城市轨道交通车站突发事件应急处理办法
行车组织能力	1. 熟悉客流运营计划,能进行运输能力分析 2. 熟悉列车运行控制系统 3. 能进行城市轨道交通车站行车工作组织 4. 能进行车辆段调车作业 5. 能进行列车运行调度指挥	1. 客流运营计划及运输能力分析 2. 列车自动运行控制系统认知 3. 城市轨道交通车站行车工作组织 4. 城市轨道交通车辆段调车工作认知 5. 列车运行调度指挥工作
轨道交通设备运用	1. 熟悉自动售检票系统,并能进行使用与维护 2. 熟悉电扶梯系统,并能进行使用与维护 3. 熟悉屏蔽门系统,并能够进行操作与控制 4. 熟悉消防系统,并能进行使用、检查与维护 5. 了解环控系统,并能够运用及管理 6. 了解给排水系统,并能够运用及管理 7. 了解低压配电及照明系统	1. 自动检票机 2. 自动售票机 3. 半自动售票(补票)机 4. 自动扶梯 5. 楼梯升降机 6. 屏蔽门系统 7. 常用消防设备 8. 空调系统 9. 给排水系统 10. 低压配电及照明系统

续上表

核心能力	能力要求	知识体系
客运服务与礼仪展示	熟悉城市轨道交通相关岗位服务的基本礼仪、城市轨道交通车站客运服务（乘客服务中心站厅、站台）、客户投诉处理等	1. 城市轨道交通服务礼仪素养 2. 城市轨道交通素质要求 3. 城市轨道交通客运服务人员的基本礼仪（包括仪容礼仪、仪表礼仪、仪态礼仪、沟通礼仪等） 4. 城市轨道交通车站客运服务（基本要求、乘客服务中心服务、站厅服务、站台服务等） 5. 乘客投诉处理（乘客投诉分析、处理原则与步骤、投诉案例分析等）
信号与通信系统运用	熟悉城市轨道交通基础信号设备、联锁系统、列车自动控制（ATC）系统、列车自动防护（ATP）系统、列车自动驾驶（ATO）系统、列车自动监控（ATS）系统、通信传输系统、电话系统、无线调度通信系统、闭路电视监控系统、广播系统、时钟系统、商用通信系统、旅客信息系统等	1. 城市轨道交通基础信号设备 2. 城市轨道交通联锁系统 3. 列车自动控制（ATC）系统 4. 列车自动防护（ATP）系统 5. 列车自动驾驶（ATO）系统 6. 列车自动监控（ATS）系统 7. 通信传输系统等

（三）课程体系模块

本专业课程体系由公共课、专业基础课、专业核心课、专业拓展课、综合实践课、选修课构成。

公共基础课程，包括思想道德修养与法律基础、新疆历史与民族宗教政策理论教程、毛泽东思想与中国特色社会主义概论、形势与政策、体育、高职英语、应用数学、计算机应用基础等。通过学习，使学生树立正确的思想道德观与法制观，具有职业道德与敬业精神，具有诚信品质和责任意识，能吃苦耐劳、承受压力、敢于拼搏，具有书面表达与良好的形象素质及人际交往能力。

专业基础课，包括管理学基础、轨道交通概论、经济学基础、城市轨道交通运营安全等。通过学习，使学生掌握管理的基本技能及应用知识，掌握管理知识、运输知识等基本专业知识。

专业核心课，包括轨道交通客运组织、轨道交通运输设备、客运服务礼仪、沟通实务。通过学习，使学生掌握行车组织、客运组织等核心职业能力。

专业拓展课，包括基础会计、轨道交通线路与站场设计、铁路运输组织、城市公共交通运营管理、交通政策法规、市场营销、仓储管理、城市轨道交通专业英语等。通过学习，拓展学生所学知识，拓宽学生就业面。

综合实践课，包括城市轨道交通行车组织实训、城市轨道交通客运组织实训、职业资格取证培训（客运员或站务员等）、顶岗实习等。通过综合实践，锻炼学生对所学知识的综合运用能力。

选修课，包括就业指导与创业教育、大学生心理健康、沟通与谈判技巧、人力资源管理、市场营销等。学生可以根据自己的兴趣爱好进行选择，通过学习增强求职应聘的技能，拓宽就业面向；同时关注学生的心理健康教育，使学生能妥善地应对工作和生活中的各种情况，增强学生适应现代社会的能力。

八、教学进程安排

（一）教学进程及时间分配（表1-5）

表1-5

城市轨道交通运营管理专业教学进程表（高职）

序号	课程类别		课程名称	考核方式	学时数			各学期周学时分配							
								第一学年		第二学年				第三学年	
					合计	理论	实践	1		2	3	4		5	6
								2周	16周	18周	18周	15周	3周	18周	18周
1	必修课	公共课程	思想道德修养与法律基础	考查	54	54	0	军训15天	2				企业生产实习	顶岗实习18周	顶岗实习17周、毕业答辩1周
2			马克思主义哲学原理概论	考查	32	32	0			2					
3			新疆历史与民族宗教政策理论教程	考查	54	54	0				2				
4			毛泽东思想与中国特色社会主义概论	考查	54	54	0					2			
5			形势与政策	考查	80	五学期									
6			体育	考查	134	0	134		2	2	2	2			
7			计算机应用基础	考试	64	14	50		4						
8			高职英语	考试	64	64	0		4						
9			应用数学（含概率论与统计）	考试	72	72	0			4					
10			军事课	考查	按文件规定执行										
11			入学、安全教育	考查											
		小计			608	424	184								
12		专业基础课	管理学基础	考试	32	22	10		2						
13			应用文写作	考查	32	22	10		2						
14			轨道交通概论	考试	64	44	20		4						
15			经济学基础	考查	32	22	10		2						
16			旅客心理学	考查	72	62	10			4					
17			市场调查与预测	考查	36	26	10			2					
18			城市轨道交通运营安全	考查	30	26	4					2			
		小计			298	224	74								
19		专业核心课	轨道交通客运组织	考试	72	36	36			4					
20			沟通实务	考试	72	36	36				4				
21			轨道交通运输设备	考试	60	40	20					4			
22			客运服务礼仪	考试	72	36	36				4				
		小计			276	148	128								
23		专业拓展课	基础会计	考试	72	52	20			4					
24			轨道交通通信与信号	考查	72	52	20				4				
25			轨道交通线路与站场设计	考查	30	20	10					2			
26			城市公共交通运营管理	考试	72	52	20				4				
27			交通政策法规	考查	36	26	10				2				
28			铁路运输组织	考查	60	40	20					4			
29			普通话口语训练	考查	36	18	18			2					
30			维语口语	考查	30	14	16					2			
31			城市轨道交通专业英语	考查	60	50	10					4			
32			市场营销	考查	30	16	14					2			
33			仓储管理	考查	36	18	18				2				
		小计			534	358	176								
34		综合实践课	职业资格取证培训	考查	课余时间完成										
35			企业生产实习（第四学期末）	考查	78	0	78								
36			毕业论文或设计答辩	考查	26	0	26								
37			顶岗实习	考查	910	0	910								
		小计			1014	0	1014								
38			大学生心理健康（必选）	考查	24	24	0								
39			高职学生职业发展与就业（创业）指导（必选）	考查	24	18	6								
40			德育活动课（必选）	考查	每周三开设										
41			公共关系	考查	根据具体课程以讲座、活动等形式开展										
42			演讲与口才	考查											
43			市场营销	考查											
		小计			48	42	6								
总学时及周学时					2778	1196	1582		22	24	24	24			

注：由于节假日、活动等原因致无法完成规定学时的课程，安排在其他时间补足。

(二)综合实践、实训实习设置及学时安排

本专业综合实践,包括军事课,入学、安全教育,企业认知,综合实训,职业资格取证培训,顶岗实习,毕业论文或设计答辩等。

军事课(含军事理论教学和军事技能训练)教学,在新生入学教育期间开设。按照《普通高等学校军事课教学大纲》,军事课的理论教学学时为36学时,学生军事技能训练时间为2周(148学时)。具体教学由学院保卫部门统一组织实施并报备教务处,考核成绩载入学生学籍档案。

入学、安全教育,开展学院、专业认知教育,民族团结、学业、学籍教育,法制教育,安全教育等。具体可结合时间穿插进行,由学生处组织、各相关部门实施。安全教育结合学院和专业实际,以集中教育、实践活动、专题讲座形式开设,贯穿教育全过程。

专业实践目的在于训练学生综合运用所学知识和技能、独立分析和解决实际问题的能力。主要实训项目及时间安排见表1-6。

实训项目一览表 表1-6

序号	实训项目	第一学期	第二学期	第三学期	第四学期	第五学期	第六学期	合计
1	军训,入学、安全教育	2周						2周
2	企业认知(业余时间)	1周						1周
3	毕业论文或设计答辩						1周	1周
4	企业生产实习				3周			3周
5	顶岗实习					18周	17周	35周
总计		3周			3周	18周	18周	42周

(三)教学课程设计及课时比例表(表1-7)

教学课程设计及课时比例表 表1-7

课程类别	总学时	理论学时	实践学时	占总学时比例(%)
公共课	608	424	184	21.89
专业基础课	298	224	74	10.73
专业核心课	276	148	128	9.94
专业拓展课	534	358	176	19.22
综合实践课	1014	0	1014	36.50
选修课	48	42	6	1.73
合计	2778	1196	1582	100.00
理论教学学时与实践教学学时的比例	1:1.32			

（四）全学程时间安排表（表1-8）

全学程时间安排表（单位：周）　　表1-8

学年	学期	课堂教学	校内实训	校外实训	顶岗实习	军训	入学教育	毕业答辩	本学期总周数
第一学年	一	16				2	与军训同步		18
	二	18							18
第二学年	一	18							18
	二	14			4				18
第三学年	一				18				18
	二				17			1	18
小计		66			38	2		1	108

九、专业核心课程说明

（一）轨道交通客运组织

1. 建议学时

72学时。

2. 课程目标

通过本课程的学习，使学生能进行车站日常运作与管理，能进行交通客流调查、预测与分析，能进行车站日常客流、换乘客流、大客流、突发事件客流组织，能进行车站突发事件应急处理。

3. 课程内容

本课程内容主要包括城市轨道交通车站运作管理、城市轨道交通客流、城市轨道交通车站客流组织、城市轨道交通车站突发事件应急处理办法等。

4. 教学评价

改革考核手段和方法，加强实践性教学环节的考核。在有条件的情况下，建议企业参与考核。理论学习部分，可根据学生学习情况进行综合评定；课程实训部分可根据学生实训情况、实训报告撰写情况，进行综合评定。

5. 教学建议

（1）在具备实训条件的情况下，可采用项目教学，以工作任务引领提高学生学习兴趣，培养学生的职业能力。

（2）教学中，应注意培养学生的安全意识、服务意识，以及团队协作能力。

（3）可组织学生到企业现场观摩教学。

（二）沟通实务

1. 建议学时

72 学时。

2. 课程目标

通过本课程学习，使学生熟悉并掌握人际沟通的技巧与方法，能顺利进行客户之间的沟通，解决基本的矛盾纠纷，为客流组织及突发事件打好沟通基础等。

3. 课程内容

本课程内容，主要包括人际沟通、沟通的技巧、沟通的策略、沟通的礼仪等。

4. 教学评价

考核方式多元化，建议企业参与考核，即由学院授课老师和企业兼职老师共同对学生进行考核。理论学习部分可根据学生学习的情况进行综合评定；课程实训部分可根据学生实训情况、实训报告撰写情况进行综合评定；另外，结合考勤情况、学习态度、平时测验、技能竞赛及考核情况，综合评定学生成绩。

5. 教学建议

（1）在具备校内实训条件的情况下，建议使用沙盘进行模拟教学，提高学生的操作能力。

（2）可充分利用网络资源，进行多媒体教学。

（3）注意培养学生的安全意识、服务意识、竞争意识、培养学生的团队协作能力。

（三）轨道交通运输设备

1. 建议学时

60 学时。

2. 课程目标

通过本课程的学习，使学生熟悉轨道交通运输设备，并能够运营、检查、控制和维护，能进行应急故障处理等。

3. 课程内容

本课程主要内容包括自动售检票系统、电扶梯系统、屏蔽门系统、消防系统、环控系统、给排水系统、低压配电及照明系统等。

4. 教学评价

考核分为理论和实训两部分，考核方式多元化，有条件时，建议企业参与考核。理论学习部分，可根据学生学习的情况进行综合评定；实训部分的成绩可根据学生对相关设备的运用操作和维护情况进行综合评定。

5. 教学建议

（1）在课程教学过程中，尽量让学生多参与、多动手，锻炼学生的设备运用能力。

（2）注意培养学生的安全意识、服务意识。

（3）在校内实训的同时，还可结合到企业进行现场观摩教学。

（四）客运服务礼仪

1. 建议学时

72 学时。

2. 课程目标

本课程结合高职轨道交通学生的岗位特点，使学生熟悉城市轨道交通相关岗位服务的基本礼仪、城市轨道交通车站客运服务（乘客服务中心站厅、站台）、客户投诉处理等。

3. 课程内容

本课程主要内容包括城市轨道交通服务礼仪素养、素质要求、客运服务人员的基本礼仪（包括仪容礼仪、仪表礼仪、仪态礼仪、沟通礼仪等）、车站客运服务（基本要求、乘客服务中心服务、站厅服务、站台服务等）、乘客投诉处理（乘客投诉分析、处理原则与步骤、投诉案例分析等）。

4. 教学评价

考核方式多元化，加强实践性教学环节的考核。学院授课老师可根据学生学习的情况进行综合评定；另外，结合考勤情况、学习态度、平时测验、技能竞赛及考核情况，综合评定学生成绩。

5. 教学建议

（1）尽量到形体礼仪实训室授课，创设工作情境。

（2）注意培养学生的服务意识，培养学生的团队协作能力。

（3）尽量采用项目教学，以工作任务引领提高学生的学习兴趣，培养学生的职业能力。

十、质量监控保障机制

（一）课内教学质量监控

构建由分院领导、教研室主任、督导员组成的督导队伍，对日常教学加强督查与督导，推进全面、全员、全过程质量监控体系的建立。做好课内理论教学与实训教学监控，重视实训教学监控。制订相关教学规章制度及运行文件，对日常教学进行管理，保证教学的正常运行。

在教学管理过程中，认真执行各项教学管理规章制度。在制订或修订培养计划、规范学生考核过程中，从命题、学生考核资格审查、考试组织、考试作弊处理、阅卷、成绩登录和上报，到实践教学、实训和实习教学、毕业论文与答辩等实践教学环节都要严格要求，以保证正常的教学运行。通过教学检查、评教评学、同行评议、听课等方式对教学质量进行监控和信息反馈。

（二）实践、实训实习教学管理

加强实训条件建设，加强实训实习管理。全面贯彻执行学院各项教学管理方针政策，做好各类教学实训室建设工作，包括实训基地建设、实训仪器设备采购、实训制度建设、实训管理队伍与师资队伍建设等。建立实训课程标准和考核标准，在教学过程中，严格按照课程标准来制订教学计划，做好实训教学设计，进行实训考核，提升学生的实际动手能力。抓好实训计划管理、实训教学管理。在有条件的情况下，组织吸纳行业、企业的能工巧匠、学科带头人等，共同参与对实训基地、实训项目及学生实训进行实践过程监控。

（三）毕业顶岗实习管理

加强组织领导，建立健全顶岗实习管理制度，落实分院、实习单位、指导教师及实习学生职责和顶岗实习考核办法，并明确顶岗实习管理办法和奖惩措施。在学生顶岗实习过程中，建立“双指导教师”制度，即由学校的专业教师和企业的专业人员共同指导学生顶岗实习。建立顶岗实习信息反馈系统，高效、全面地收集学生顶岗实习信息，及时进行反映、处理和上报，并通过调查和分析人才市场的需求信息、毕业生在就业岗位上的适应状况的信息，为专业人才培养目标和规格、专业设置等提供重要依据。

第二部分

专业基础课程标准

课程1 管理学基础

课程名称:管理学基础
课程性质:专业基础课
建议学时:32学时
适用专业:城市轨道交通运营管理

一、前言

(一)课程定位

管理学基础课程属于城市轨道交通运营管理专业的专业基础课之一,对引导学生初步养成管理思维模式、掌握一定管理方法,具有基础性作用。该课程以管理职能为主线,重点介绍计划职能、组织职能、领导职能和控制职能等四大模块的工作内容、工作流程、工作要点。通过教与学,使学生正确理解管理的概念,掌握管理的普遍规律、基本原理和一般方法,帮助学生树立科学的管理理念,并能综合运用于对实际问题的分析,初步具有解决一般管理问题的能力,培养学生的综合管理素质,为后续专业课程的学习和成为一名"基层管理者"奠定良好的管理知识基础和通用管理能力基础。

(二)教学设计思路

本课程的设计思路为:以学生为中心,以理论教学为辅,以模拟实践为主,培养学生基层岗位素质和技能。教学中,多角度探索"工学结合"模式,实现"理论教学实务化,实践教学仿真化",大力培养学生的实践技能。

在课程的教学中,融"教、学、做"为一体,增强学生的岗位适应能力。理论知识的讲授,主要通过案例分析、管理寓言、观摩、讨论等方法,吸引学生的注意力,启发学生开动脑筋。同时,注重实践教学环节,在学生掌握必要的基础理论的前提下,通过课后练习、阶段实习和综合模拟实训,使学生进一步理解管理理论、掌握管理方法。

二、课程目标

(一)总体目标

通过管理学基础课程的教学,使学生了解管理思想与理论的演进过程,并以管理几大职能为主线,掌握现代管理的基本原理、基本方法、培养学生现代管理理念,树立终身学习和管理创新的思想观念,培养基层管理岗位的综合管理技能与素质,懂得运用管理学的基本原理、工具、方法和程序进行管理实践,提高分析问题和解决问题的能力,使学生掌握"基层管理者"应具备的管理知识与技能,具备高技能人才可持续发展的潜质。

(二)具体目标

1. 知识目标

通过系统学习,使学生了解和掌握古今中外管理思想的发展、管理的基本原理和方法,掌握管理的计划、组织、领导、控制等职能的基本内涵和要求,并能实际运用这些知识,增强学生的管理理念,培养学生初步具有运用所学知识观察、分析、处理有关管理问题的能力。

2. 能力目标

(1)独立获取知识的能力——逐步掌握学习方法,阅读并理解与管理学相关的资料和文献,不断地扩展知识面,增强独立思考的能力,更新知识结构;能够写出条理清晰的读书笔记、小结或小论文。

(2)观察和思维的能力——运用管理学的基本理论和基本方法,通过案例教学等方法,培养学生发现管理领域出现的问题和解决问题的能力。

3. 素质目标

通过管理学基础课程的学习,能够用自己的头脑来思考管理理论与实践问题,培养学生运用管理知识发现管理领域出现的问题和解决问题的能力,在该课程教学过程中,引导学生以全局的眼光看问题,学会系统思考。

三、课程内容与要求(表2-1)

四、实施建议

(一)教材选用和编写建议

1. 教材选用

本课程主教材暂使用高等教育出版社出版、单凤儒主编的《管理学基础》(第三版)。教材同时配有在线学习卡,提供数字课程的学习。

实践部分的训练暂选用高等教育出版社出版,由单凤儒主编的《管理学基础实训教程》。

主要参考书及参考资料:

(1)谢伟宁主编,《企业管理—知识与技能训练》,北京交通大学出版社出版。

(2)李英等主编,《管理学基础》,大连理工大学出版社出版。

(3)赵景华主编,《现代管理学》,山东人民出版社出版。

(4)(美)哈罗德·孔茨等主编,《管理学精要》,机械工业出版社出版。

(5)杨文士、张雁主编,《管理学原理》,中国人民大学出版社出版。

(6)徐仁明主编,《中国人民大学 MBA 案例·管理学卷》,中国人民大学出版社出版。

2. 教材编写原则与要求

本课程主要实现教学环境和工作环境之间的相互转化,力求使学生达到所学即所用。新教材应该从实际出发,满足设计制作步骤中够用原则,在内容上更加适合学生的认知水平和认知规律,组织形式上充分体现工作过程的系统化。教材应该以实训指导为主要内容,区分每个项目的知识点和技能点,保证实训难度逐渐上升。

表 2-1

管理学基础课程内容与要求

序号	工作项目	能力要求	工作过程	教学活动设计	参考学时
1	项目一 班组(班级)的管理	身边的管理——寻找学生日常生活中的管理元素或机遇,运用管理理论与技能,加以处理	1. 环境分析,计划制订 2. 机构设置,人员选聘 3. 有效指挥,团队协作 4. 工作监控,绩效评价	1. 学生分组取得教学任务 (1)用 SWOT 方法分析学习环境 (2)案例分析讨论,计划制订的要素和决策方法练习 (3)做出一个班组(级)的岗位设置 (4)处理一次成员间的冲突 (5)案例讨论分析,绩效考核与评价的要领 2. 写出任务报告 3. 小组或个人汇报展示、点评,计入成绩	18
2	项目二 车间(部门)的管理	工作的管理——寻找工作中的管理对象和实例,灵活运用管理理论和技巧,处理问题	1. 环境分析,计划制订 2. 机构设置,人员选聘 3. 有效指挥,团队协作 4. 工作监控,绩效评价	1. 学生分组取得教学任务 (1)用 SWOT 方法分析学校环境 (2)每人收集 1 ~2 个企业管理制度,并提出机构设计方案 (3)制订一份 × × 任务奖励方案 (4)制订一份个人对学习实行全面质量管理的实施方案 2. 写出任务报告及总结 3. 小组或个人汇报展示、点评,计入成绩	10
3	项目三 工厂(学校)的管理	复杂的管理——寻找生活、工作中的重大、突发事项,运用管理理论和技能,培养复杂环境下管理问题的处理能力	1. 环境分析,计划制订 2. 机构设置,人员选聘 3. 有效指挥,团队协作 4. 工作监控,绩效评价	1. 学生分组取得教学任务 (1)模拟一次演讲,学习有效说服策略 (2)做出本学期的课程学习总结 2. 写出任务报告及总结 3. 小组或个人汇报展示、点评,计入成绩	4
合计					32

3. 教学参考资料使用建议

注重引进国外前沿理论，在选择管理案例资料时，应该注意采用我国改革的最新经验及具有代表性的案例，体现教学内容的全面性、实用性。在教学过程中帮助学生分析讨论，提高理解认识。

（二）教学建议

（1）以调动学生学习积极性为核心、坚持学生自主学习的教学理念。教师必须“以学生为中心”，树立教师是学生自主学习的“辅导者”、“指导者”和“助手”的理念。

（2）教师精讲，学生多练，学生参与，建立互动式课堂。

（3）以基层管理者岗位技能培养为主线，注重案例分析与实训。

（4）探索建立多渠道的获取式教学方式，构建激励学生自主学习的机制和氛围。

（三）教学考核评价建议

本课程改革“期末一张卷”的传统考核方法，实行以能力为中心的开放式、全程化考核及多元化的发展性评价方式。考核评价联系学生的行为表现，考查学生在某一阶段与教学目标相关的行为表现的全过程。对学生平时课堂参与状况、作业完成情况、特别是实践教学中的表现等进行全面考核，记入成绩，并加大日常考核的比重。本课程总评成绩分为四个部分：平时提问、案例讨论、实践报告、考勤占15%，社会调研、小论文、作业占15%，阶段测试占30%，期末成绩占40%。

教学考核评价，主要考察学生的理论知识和分析问题、解决问题的能力。改革考核方式有利于引导学生端正学习态度，注重学用结合，重视能力提高及创新意识培养，避免学生期末搞突击、应付考试的弊端，克服高分低能的“应试教育”倾向。

（四）课程资源的开发与利用

（1）教材方面：采用高职高专规划教材，并及时加入新的管理理念和一线邮政企业的最新案例和内部资料。

（2）实践教学方面：一是通过案例教学，引导学生进行分析讨论，锻炼学生分析问题、解决问题的能力；二是指导学生开展实践管理分析训练；三是引进当前国际最流行、具有明显实效的“沙盘模拟实战训练”模式，使受训者在主导“企业”各项经营管理活动的训练过程中体验得失、总结成败，进而领悟科学管理规律，提高企业管理的能力。

（3）建立与课程配套的大型案例库。

（4）扩充性资料，包括课程参考资料库、多媒体课件等。

课程2　应用文写作

课程名称:应用文写作
课程性质:专业基础课
建议学时: 32 学时
适用专业:城市轨道交通运营管理

一、前言

(一)课程定位

根据高职教育的总体定位、应用文书写作的重要作用以及学院系部的专业培养总体目标,我们将应用文写作课程定位为:以就业为导向,使学生系统掌握应用文书的实际用途及写作要领,使学生具备基本应用文体的写作与应用能力,以便于适应高等职业教育提出的“以服务为宗旨,以就业为导向,走产学结合发展道路”的办学宗旨,为学生面临就业时做好充足的知识准备,并使其更好地适应今后在工作及学习中的写作需要。

(二)教学设计思路

为使学生掌握并提升应用文书写作要求及水平,同时满足书面表达应用能力和应用写作能力的教学需要,以应用文书写作内容为主体,主要包括描述性文书写作、请示性文书写作、说明性文书写作、建议性文书写作等。

二、课程目标

(一)知识目标

本课程使学生在理论上把握所学应用文体的基本知识,明确应用写作的基本知识、作用、写作方法,并把握各类文体的基本格式和写作要素。在实践中使学生系统掌握常用的应用文体的实际用途及写作要领,基本具备应用文体的写作能力和文体分析与处理的能力,掌握并提高应用文书写作水平。

(二)技能目标

通过学习,使学生将所学理论知识与实践结合起来、将学与练结合起来,在教学重点和内容的选择上突出专业特点,使学生在掌握通用、常用应用文体写作技能的基础上,将所学与其专业课程紧密结合起来,重点掌握各类应用文书的写作要素及技能。

(三)素质目标

通过课程学习,培养学生认真、谨慎、踏实的学习态度和工作态度,同时,使学生不仅能够在日常生活中正确使用及书写常用的应用文体,而且在今后的工作、学习及专业领域,正确、标准地使用及书写各类应用文体。

三、课程内容与要求（表 2-2）

应用文写作课程内容与要求 表 2-2

序号	工作项目	能力要求	任务	教学活动设计	参考学时	教学组织方法及形式	教学资源
1	项目一 描述性应用文书写作	**知识：** 了解个人简历、会议记录、通讯的写作特点、意义、要求、格式、内容等 **技能：** 掌握个人简历、会议记录、通讯写作技能 **素质：** 培养认真、踏实、严谨的学习及工作态度	1. 个人简历	掌握个人简历写作要领（案例导入、基本内容学习、问题诊断、情况反馈）	2	教师讲授引导、个别发言、小组讨论	参考教材、PPT、学习资料
			2. 会议记录	掌握会议记录写作要领（案例导入、基本内容学习、问题诊断、情况反馈）	2		
			3. 通讯	掌握通讯写作要领（案例导入、基本内容学习、问题诊断、情况反馈）	2		
2	项目二 请示性应用文书写作	**知识：** 了解请示、报告、申请书的写作特点、意义、要求、格式、内容等 **技能：** 掌握请示、报告、申请书的写作技能 **素质：** 培养认真、踏实、严谨的学习及工作态度	1. 请示	掌握请示写作要领（案例导入、基本内容学习、问题诊断、情况反馈）	4	教师讲授引导、个别发言、小组讨论	参考教材、PPT、学习资料
			2. 报告	掌握报告写作要领（案例导入、基本内容学习、问题诊断、情况反馈）	4		
			3. 申请书	掌握申请书写作要领（案例导入、基本内容学习、问题诊断、情况反馈）	2		

续上表

序号	工作项目	能力要求	任务	教学活动设计	参考学时	教学组织方法及形式	教学资源
3	项目三 说明性应用文书写作	**知识：** 了解求职信、启事、消息等的写作特点、意义、要求、格式、内容等 **技能：** 掌握求职信、启事、消息等的写作技能 **素质：** 培养认真、踏实、严谨的学习及工作态度	1. 求职信	掌握求职信写作要领（案例导入、基本内容学习、问题诊断、情况反馈）	2	教师讲授引导、个别发言、小组讨论	参考教材、PPT、学习资料
			2. 启事	掌握启事写作要领（案例导入、基本内容学习、问题诊断、情况反馈）	2		
			3. 消息	掌握消息写作要领（案例导入、基本内容学习、问题诊断、情况反馈）	2		
			4. 解说词	掌握解说词写作要领（案例导入、基本内容学习、问题诊断、情况反馈）	2		
4	项目四 建议性应用文书写作	**知识：** 了解计划、方案、策划、调研报告等的写作特点、意义、要求、格式、内容等 **技能：** 掌握计划、方案、策划、调研报告等的写作技能 **素质：** 培养认真、踏实、严谨的学习及工作态度	1. 计划	掌握计划写作要领（案例导入、基本内容学习、问题诊断、情况反馈）	2	教师讲授引导、个别发言、小组讨论	参考教材、PPT、学习资料
			2. 方案	掌握方案写作要领（案例导入、基本内容学习、问题诊断、情况反馈）	2		
			3. 策划	掌握策划写作要领（案例导入、基本内容学习、问题诊断、情况反馈）	2		
			4. 调研报告	掌握调研报告写作要领（案例导入、基本内容学习、问题诊断、情况反馈）	2		
合计					32		

四、实施建议

应用文写作是一门实用性和实践性都非常强的技能型课程。在教学过程中，必须坚持理论与实践的统一，在加强基本理论讲授的同时，还应注重范文阅读和技能训练，在讲读结合、讲练并重的前提下，要加强实践性教学环节。

（一）教材选用和编写建议

1. 教材选用

本课程主教材使用高等教育出版社出版的《应用写作》。

2. 教材编写原则与要求

教材在编写时，内容应该与专业相衔接，以便贴近教学的需要。

3. 教学参考资料使用建议

建议将应用写作教材知识与相关专业领域写作结合起来。

（二）教学建议

应用文写作是一门实践性很强的课程，只有通过强化训练才能形成良好的写作习惯和熟练的写作技巧。在教学中，教材的范文可根据学生的水平、兴趣、训练要点等选用。因为课时有限，有的范文需要学生课下自学。在教学中，应注意吸收学生的习作作为范例，将教材内容和学生习作结合起来运用到写作指导中，使教学具有更好的互动性和针对性。

（三）教学考核评价建议

本课程考核成绩采取过程性评价和终结式评价相结合的方式。考核成绩由平时成绩、期末考试成绩两部分组成。其中，期末考试成绩占60%，平时成绩占40%。平时成绩由作业成绩、考勤和课堂表现三部分组成，分别占20%、10%、10%。考核形式为自主考核。

（四）课程资源的开发与利用

应用文写作不单纯是一种简单的语言载体，更重要的是一种思想的载体和情感的载体，一篇优秀的应用文，会不乏情感和智慧，是一个人才华和能力的体现。随着社会经济生活的发展，应用文写作日益成为人们衡量其工作能力的重要标准之一，它有时会给人带来无限的机会和发展空间，成为成功的基石。

（五）其他说明

应用文写作是一门基础课，同时也是技能课，要引导学生多与实际相联系，加深学生对所学文体的全面的认识。教学最终的目的是学以致用，在教学的过程中有效指导学生阅读是写作的先导和基础，通过范文的阅读，可以直接有所借鉴。同时，知识的讲授也应当结合例文的分析进行，值得一提的是例文的选择一定要有代表性，要尽量选用写得规范的文章。

课程3 轨道交通概论

课程名称:轨道交通概论
课程性质:专业基础课
建议学时:64 学时
适用专业:城市轨道交通运营管理

一、前言

(一)课程定位

本课程主要面向城市轨道交通运营管理专业,为专业基础课程,共64学时,旨在培养学生对轨道交通有宏观了解与认识,提高学生分析问题和团队合作的能力,为后续专业核心课学习打下基础。

(二)教学设计思路

以项目为驱动,设计课程项目,分为八个项目:
项目一:认识轨道交通;
项目二:轨道交通工程;
项目三:轨道交通车站;
项目四:轨道交通车辆;
项目五:城市轨道交通通信;
项目六:城市轨道交通信号系统;
项目七:城市轨道交通运营组织;
项目八:城市轨道交通车辆段。
项目与项目之间并行结构,按照类型进行分项目讲解。

二、课程目标

(一)知识目标

(1)轨道交通发展现状的认识。
(2)轨道交通的建设规模、实施。
(3)城市快速轨道交通项目组成及路网规划。
(4)掌握中间站、会让站和越行站的区别。
(5)铁路车辆的分类及其用途。
(6)城市轨道交通通信概述。

(7)城市轨道交通信号系统的组成。

(8)城市轨道交通运营组织概述。

(9)城市轨道交通车辆段规划与设计。

(二)素质目标

(1)培养学生良好的职业道德、科学严谨的工作态度。

(2)培养学生良好的沟通能力和优秀的团队协作精神。

(3)培养学生勇于创新、与时俱进的工作作风。

授课班学生组建小组,从方案设计、论证、实施、跟进、过程资料收集、测试、评价一系列的流程,培养学生严谨、积极、富有创意、合作、包容的心态,养成学生整理、整顿、清理、清洁、素养的意识。

三、课程内容与要求(表2-3)

四、实施建议

(一)教材选用和编写建议

1. 教材选用

院本教材《轨道交通概论》。

2. 教材编写原则与要求

主要针对上述8个项目进行理论讲解、任务要求下达、组织实施及工单制订,将几大项目做成统一的标准,组织实施。

(二)教学建议

班级分组学生不宜过多,5~6人一组,分工明确,严格按照任务执行,注意过程资料的收集工作。

(三)教学考核评价建议

教学考核分为过程性考核与项目汇报相结合的方法。

形式分为自主考核。

(四)课程资源的开发与利用

(1)充分利用学校的课程资源库、报刊、教学挂图、投影片、音像资料和教学软件等。

(2)利用校外资源网络、媒体、国内国际前沿知识扩展学生的视野。

(五)其他说明

本课程面向城市轨道交通运营管理专业的学生,作为专业基础课,为后续专业核心课的学习做好铺垫,培养学生项目化意识及团队合作的能力。

表 2-3

轨道交通概论课程内容与要求

<table>
<tr><th>序号</th><th>工作项目</th><th>能力要求</th><th>模块</th><th>任务</th><th>活动设计</th><th>参考学时</th></tr>
<tr><td>1</td><td>项目一
认识轨道交通</td><td>知识：
1. 总述轨道交通
2. 铁路的发展及现状
3. 城市轨道交通发展历史。
技能：
通过对轨道交通的了解与认识，学会分析项目的流程，以时间为线，认识轨道交通的发展及给现代人带来的便利</td><td>1. 轨道交通定义
2. 轨道交通历史
3. 城市轨道交通发展史</td><td>1. 分析轨道交通功能及发展
2. 城市轨道交通近几年的发展现状</td><td>1. 分组，组成团队
2. 回顾轨道交通发展史
3. 讨论目前城市轨道交通的现状
4. 目前乌鲁木齐轨道交通的发展
5. 总结讨论评价</td><td>8</td></tr>
<tr><td>2</td><td>项目二
轨道交通工程</td><td>知识：
1. 设计年限与设计阶段
2. 轨道交通的建设规模与实施
3. 城市快速轨道交通项目组成及路网规划。
技能：
1. 熟悉基本的轨道交通工程设计、规模建设、实施及路网规划
2. 学会轨道交通客流的预测和分析
3. 熟悉明挖地下结构的设计与施工</td><td>1. 轨道交通设计与规模建设、实施
2. 轨道交通客流预测分析及地下结构施工设计</td><td>1. 熟悉轨道交通前期实施准备工作
2. 对轨道交通客流量预测分析
3. 地下施工设计方法</td><td>1. 任务制订
2. 分析城市轨道交通前期建设的必要性
3. 讨论轨道交通工程设计与施工方法
4. 讨论路网规划的依据
5. 施工过程中的地下结构施工注意事项
6. 总结讨论评价</td><td>8</td></tr>
<tr><td rowspan="2">3</td><td rowspan="2">项目三
轨道交通车站</td><td rowspan="2">知识：
1. 熟悉车站的定义、分类及车站线路种类与线路间距
2. 掌握中间站、会让站和越行站的区别。
技能：
（1）掌握轨道交通车站结构功能及分类
（2）能联系实际分辨车站类型与区别</td><td>1. 车站组成</td><td rowspan="2">1. 车站功能分析
2. 分布区域与类别
3. 常见辅助设备功能</td><td rowspan="2">1. 明确任务
2. 认识轨道交通车站
3. 分析其分类、功能结构
4. 讨论分析具体车站案例
5. 车站中常见辅助设备
6. 过程资料收集内容补充
7. 总结评价，知识点汇总</td><td rowspan="2">8</td></tr>
<tr><td>2. 车站中常见辅助设备</td></tr>
</table>

续上表

序号	工作项目	能力要求	模块	任务	活动设计	参考学时
4	项目四 轨道交通 车辆	**知识：** 1. 铁路车辆的分类及其用途 2. 地铁车辆的系统构成及车辆基本设计参数 3. 列车编组及联挂方式 4. 车辆限界与整车测量 **技能：** 1. 掌握轨道交通车辆的系统构成、分类及用途 2. 能熟练掌握列车编组方式，学会对车辆衔接及整车进行测量	1. 轨道交通车辆概述	1. 选定任务，查询资料 2. 分析其功能、分类及用途	1. 组队选定任务 2. 讨论明确分工 3. 实施对轨道交通车辆的认识和了解	8
			2. 轨道交通车辆结构设计及列车编组	1. 车辆设计的基本参数；	1. 具体实施方法 2. 进度跟进	
				2. 列车编组方式；	1. 编组方法 2. 联挂方式	
				3. 界限测量	1. 客观、准确、细心 2. 掌握界限测量的方法，并讨论其重要的意义	
5	项目五 城市轨道 交通通信	**知识：** 1. 城市轨道交通通信功能作用 2. 城市轨道交通通信系统的组成 3. 通信系统作用 **技能：** 1. 能学会正确分析一个项目从开始到结束整个项目的流程 2. 能够有很好的沟通和团队合作能力	1. 轨道交通通信概述	1. 通信系统的发展	1. 分组、明确任务 2. 分析通信系统发展及现状	8
				2. 通信系统重要作用	1. 讨论通信系统在轨道交通中的作用，以具体事例说明 2. 通信系统中的问题讨论及改进设想	
			2. 通信系统组成	通信系统的结构及组成	1. 具体功能结构分析 2. 举例车站中的通信系统组成	
6	项目六 城市轨道 交通信号 系统	**知识：** 1. 城市轨道交通信号系统的组成 2. 城市轨道交通信号系统 **技能：** 1. 能掌握城市轨道交通信号系统的基本组成、地域划分、线路划分 2. 学会分析轨道交通信号系统中区间闭塞、车站联锁的关系	1. 信号系统的组成 2. 通信号系统内容	1. 基本组成 2. 地域划分 3. 车辆段信号系统 4. 正线信号系统 5. 区间闭塞、车站联锁 6. 列车运行自动控制系统	1. 任务制订 2. 分析城市轨道交通信号系统组成 3. 讨论城市轨道交通信号系统重要性 4. 实例说明城市轨道交通信号系统的具体应用 5. 采集资料说明信号系统中区间闭塞、车站联锁的关系 6. 总结讨论评价	8

续上表

序号	工作项目	能力要求	模块	任务	活动设计	参考学时
7	项目七 城市轨道交通运营组织	**知识：** 1. 运营组织概述 2. 运营控制中心 3. 行车组织 **技能：** 1. 能掌握运营组织的基本概念、控制中心的作用 2. 学会行车组织的形式与技巧	1. 客运设备设施布置 2. 运营服务的设备 3. 控制中心的设备功能 4. 列车运行图	1. 运营组织概述 2. 设施布置 3. 控制中心的设备功能 4. 行车调度指挥 5. 列车运行组织 6. 车站行车组织	1. 任务制订 2. 分析轨道交通运营组织的构成及功能 3. 讨论城市轨道交通运营组织的工作任务 4. 控制中心设备的组成及功能 5. 采集资料，初步认识城市轨道交通运营组织中行车调度及列车运行操作 6. 总结讨论评价	8
8	项目八 城市轨道交通车辆段	**知识：** 1. 能掌握车辆段的组织机构及其功能 2. 熟悉地铁车辆段总平面布置基本形式及其特点 3. 地铁车辆段及停车场布点 **技能：** 1. 城市轨道交通车辆段规划与设计 2. 城市轨道交通车辆段信号设计 3. 城市轨道交通车辆段停车场及洗车线	1. 车辆段组织机构 2. 车辆段出入线的设置 3. 车辆段设计	1. 车辆段一般技术要求 2. 车辆段总结构布置 3. 总平面设计特点 4. 出入线设计要求 5. 车辆段及停车场的分布	1. 任务制订 2. 分析城市轨道交通车辆段的组织构成及功能 3. 讨论城市轨道交通车辆段的工作任务 4. 车辆段总体平面分布形式及特点 5. 采集资料车辆段及停车场分布以及车辆段出入线的设计方法 6. 总结讨论评价	8
合计						64

课程 4　经济学基础

课程名称:经济学基础
课程性质:专业基础课
建议学时: 32 学时
适用专业:城市轨道交通运营管理

一、前言

(一)课程定位

经济学基础是城市轨道交通运营管理专业的专业基础课程。它是一门理论和实践综合程度较高的课程,是研究如何组织旅客、货物、运输车辆在空间和时间上的有效结合,提高运输生产能力和服务质量的一门学科。通过本课程的学习与实践,可以使学生了解职业定位,熟悉运输组织的工作流程、掌握各种运输组织方式的实操业务,掌握运输经济的相关理论知识和操作技能,培养经济思想观,在工作中通过适当控制和科学组织,实现效益最大,并为系统学习专业知识打下基础。

(二)教学设计思路

本课程遵循学生的专业认知规律,以认知行业、认识岗位、接受职业理念到养成基本职业素质的逻辑顺序,设计课程内容。课程以交通运输涉及的一系列问题,介绍运输需求、运输供给、运输成本、运输价格、运输市场竞争、运输资源配置和运输项目评价等方面涉及的经济学问题。教学中采用情境教学法和案例教学法等,在课堂上尽量做到师生互动,以提高教学效果,并根据教学情况,组织学生开展课堂讨论、小组交流等方式,形成良好的学习氛围,把理论教学与能力培养有机结合。

根据高职教育的特点,理论知识的传授以"适度、必需、够用"为原则,注重案例的分析和实践能力的培养。

二、课程目标

(一)知识目标

通过本课程的学习,使学生掌握运输经济的操作技能和相关理论知识。同时,培养学生具有诚实、守信、善于沟通和合作的品质,树立安全意识,为发展学生的职业能力奠定良好的基础。

(1)认识运输经济问题的重要性,以及运用运输经济学理论与方法解决有关运输经济问题的重要作用。

(2)了解经济学的基本理论,了解运输活动的基本特点,熟悉运输经济现象和本质,掌握经济分析的一般方法。

(二)能力目标

(1)正确认识课程的性质、任务以及研究对象,全面了解课程的体系、结构,对道路客货运组织有一个整体的认识。

(2)掌握旅客运输组织、货物运输组织及车辆运行组织等运输组织实务的基本理论和业务知识,熟悉运输生产过程和商务作业过程,掌握运输组织工作的作业流程、工作原理、操作技能和组织方法。

(3)掌握车辆运用指标、运输生产率指标的分析方法,学习有效地综合运用运输生产力诸要素,编制运输生产计划,组织客、货运输生产,满足运输市场需求;掌握客货运输质量的评价方法。

(4)通过课程实训,结合专业见习、社会实践和顶岗实习,运用专业知识服务于专业岗位,熟练掌握运输组织的职业技能,为将来从事运输组织管理工作奠定基础。

(三)素质目标

(1)在综合素质上,尽可能全面培养学生的数学及计算机工具使用能力、文献资料检索和收集能力、分析和解决实际问题的能力、思辨与论文写作能力、口头表述能力和团队合作能力,为日后其他相关专业课程的学习及实际工作奠定基础。

(2)通过项目训练,提高学生团结协作、吃苦耐劳、实事求是、诚信为本的能力。

(3)培养学生与人沟通、协调工作的能力。

三、课程内容与要求(表2-4)

四、实施建议

(一)教材选用和编写建议

1. 教材选用

本课程教材建议选用人民交通出版社出版,严作人、杜豫川、张戎主编的《运输经济学》。

2. 教材编写原则与要求

本课程选用高职高专交通运输管理类规划教材,原则上不需再进行教材的编写。

3. 教材参考资料使用建议

本课程教学可参考下列资料:

(1)陈贻龙、邵振一主编,《运输经济学》,人民交通出版社出版。

(2)赵锡铎主编,《运输经济学》,大连海事大学出版社出版。

(3)王明志主编,《运输供给与运输需求》,人民交通出版社出版。

(二)教学建议

本课程在教学中要根据不同于其他学科的特点和学生的实际情况,选择适用的教学方法和教学手段,突出重点,突破难点,从多角度启发学生的思维,提高学生探究学习和自主学习的能力。

经济学基础课程内容与要求

表 2-4

序号	项目	能力要求	工作过程	教学过程设计	参考学时	教学组织方法及形式	教学资源
1	项目一 小型运输企业运输供需分析	**知识：** 能够理解运输经济学的研究领域，掌握经济学、运输需求、运输供给的基本概念 **技能：** 能进行运输需求分析、运输供给分析、需求预测 **素质：** 培养认真的学习态度和严谨的工作态度	1. 进行运输需求分析 2. 进行运输供给分析 3. 进行需求预测	1. 收集运输供需资料	2	教师下达任务，学生课前收集资料；学生分组讨论供需影响因素；通过计量分析建立运输需求模型，预测未来的运输需求水平	案例库、模拟题库、行业信息
				2. 进行供需分析	4		
				3. 运用案例进行预测方法学习，包括递增率法、系数法、比重法、德尔菲法、回归预测法	4		
2	项目二 一般运输公司运输成本、价格管理	**知识：** 1. 理解运输成本的类型 2. 掌握影响运输成本的因素 3. 理解运输价格的功能及结构 4. 掌握运价的定价方法 **技能：** 1. 能对不同运输工具的运输成本进行分析 2. 能进行运价定价方法的运用 **素质：** 培养认真的学习态度及分析实际问题的能力，培养严谨的工作态度	1. 运输成本分类和分析成本的影响因素 2. 对公路运输成本构成进行分析 3. 确定不同条件下运价的制订	1. 收集运输成本和价格资料	2	案例启发式、互动式、讨论式	案例库、模拟题库、行业信息
				2. 在供需分析的基础上进行运输成本和价格构成分析	6		
				3. 实地调研，了解道路运输价格，分组完成，并形成调研报告	4		
3	项目三 大型物流公司项目经济评价	**知识：** 1. 掌握运输市场的分类和结构 2. 掌握运输项目的经济评价 **技能：** 1. 能正确确定运输企业所处的市场类型 2. 能进行运输项目的评价 **素质：** 培养认真的学习态度和严谨的工作态度，培养学生团队合作的精神	1. 运输市场资料和运输建设项目资料的收集和整理 2. 运输市场的结构和分类 3. 运输项目的经济评价程序 4. 运输项目的经济评价方法	1. 利用收集的资料分析企业的市场结构	2	组织小组讨论以及案例分析法	案例库、模拟题库、行业信息
				2. 利用收集的资料进行计算评价	6		
				3. 分组讨论并总结项目评价结果，形成总结	2		
合计					32		

(1)教学方法以调动学生的积极性为核心,由以教师为中心转为以学生为中心。以激励学生自主学习为目标,从以教师教为主转变为以学生学为主;从以学生听为主转变为学生以练为主。教师甘当“指导者”、“辅导者”、“助手”,积极采用参与式、互动式、体验式等现代教学方式方法。

(2)注重实践教学,综合运用多种模拟实践教学的形式。模拟实践,或称“准实践”,是一种介于直接实践教学与理论教学之间的一种特定形式,即在课堂内或校园内,引入管理要素,建立仿真环境,营造管理情境,使学生向实际管理者那样进行模拟决策。具体形式主要有:①全程渗透案例分析讨论;②角色扮演;③情景剧;④模拟经营决策;⑤调查与访问等。

(3)教师及时向学生推荐扩充性学习材料并指导学生阅读学习,从而拓宽学生的知识面,为学生的自主学习创造良好条件。

(4)及时把学科最新发展成果和教改教研成果引入教学,课程内容经典与现代的关系处理得当。

(5)融教书育人于知识传授与技能训练当中。通过选用与设计优秀工商企业的职业道德、管理伦理,肩负起管理者的社会责任和使命等案例内容对学生进行职业道德教育。

(三)教学考核评价建议

评价标准包括情感态度、基础知识、专业知识、基本技能、分析解决问题能力等方面。本课程可采取作业、案例分析、小组讨论、角色扮演现场打分或点评、学生分组互评等方式。学生的考核成绩主要由三部分构成:平时考核占20%、理论知识考核占50%、过程性考核占30%。

(四)课程资源的开发与利用

(1)注重挂图、投影仪、多媒体课件等教学资源的开发和利用,有效地创设形象生动的工作情境,激发学生的学习兴趣。

(2)建议加强课程资源的开发,建立跨学校的多媒体数据库,努力实现多媒体资源的共享,以提高课程资源利用效率。

(3)注重实验实训设备的应用和实训指导手册的开发,建立和充分利用开放性实训中心,使之具备现场教学、实验实训、职业技能证书考核的综合功能,实现教学与实训合一、教学与培训合一,以更好地培养学生的综合能力。

(4)注重学校与相关企业的合作,提高教学效率。

(五)其他说明

(1)鉴于高职生源的多样性,在实施中要做好学生分组教学工作,宜于取长补短,共同提高。

(2)根据教学需要,将进行试卷库、习题库、案例库建设,必要时在课程学习中提供相关网站的信息与资料。

课程5　旅客心理学

课程名称:旅客心理学
课程性质:专业基础课
建议学时:72学时
适用专业:城市轨道交通运营管理

一、前言

(一)课程定位

旅客心理学是城市轨道交通运营管理专业的一门专业基础课,是从事轨道运输服务整个岗位所要掌握的基本技能。其功能是让学生树立旅客服务理念,具备运用人际沟通的基本知识、技能服务于轨道乘客、轨道乘客安全检查和地面站台服务等岗位的基本职业技能,为进一步学习各专业化方向课程奠定基础。

先修课程为管理学基础、经济学基础,后续课程为城市公共交通运营管理等课程。

(二)设计思路

本课程以“轨道服务专业工作任务与职业能力分析”为依据。其总体设计思路是,打破以知识为主线的传统课程模式,转变为以能力为主线的课程模式。

本课程是以轨道服务专业各个岗位共同的工作任务为引领,以与旅客(货主)沟通及服务这一工作任务所需的职业能力为设置依据。通过了解有效沟通在轨道服务工作中的作用,分析和掌握各类乘客和客户的沟通方式,学习各种非语言沟通的方式,以模拟地解决工作中的各类冲突,继而提高服务水平。课程内容的选取,紧紧围绕完成工作任务的需要,同时又充分考虑高职学生的认知特点及对理论知识的掌握和应用,结合获取相关职业资格证书对知识、技能和态度的要求。

鉴于本课程是该专业开设的基础课程,学生对轨道服务实际还不甚了解,课堂教学活动设计多采用案例分析、仿真模拟、角色扮演和情景再现,体现学生为教学主体的理念激发学生的学习兴趣。有条件时可到轻轨、地铁等服务现场开展认知性实习,以加深学生的理解。

根据以上思路,本课程设计的学习情境如表2-5所示

旅客心理学课程教学项目　　表2-5

学习项目一	学习项目二	学习项目三	学习项目四
旅客共性心理与服务	旅客个性心理与服务	旅客群体心理与服务	客运服务人员的心理修养
22学时	20学时	18学时	12学时

二、课程目标

(一)总体目标

通过本课程的学习,使学生熟悉轨道服务中乘务、安全检查、站点地面服务等各个岗位的服务规范、技巧和人际沟通要求,达到轨道服务各岗位初级职业标准相关的要求,培养学生诚实、守信、善于沟通、富有爱心、责任心和合作的品质,并树立安全和服务意识,为提高学生各专业化方向的职业能力奠定良好的基础。

(二)具体目标

1. 知识目标

通过本课程的学习,了解心理学的有关知识和普通心理学及其研究对象,能够系统地掌握轨道交通服务心理学的基本理论、主要研究方法以及心理过程和个性等基本知识,能够学会运用服务心理学的知识与方法分析和研究旅客的各种心理现象,使学生能够根据旅客的不同特点提供灵活服务方式令顾客满意,切实地提高学生在乘务工作中的能力。

2. 能力目标

(1)能运用人际沟通技巧,应对服务过程中旅客或货主的心理变化。

(2)能运用人际沟通技巧,识别并处理服务过程中旅客或货主特殊的心理需求。

(3)能运用服务技巧,使用规范的岗位服务用语,为旅客和货主提供优质服务。

(4)能运用人际沟通技巧,提升团队合作精神,适应旅客服务各岗位的职业要求。

3. 素质目标

通过本课程的学习,可以加深学生对自我的了解,引导学生形成良好的心理状态;同时,在教学过程中,还可以强化学生的团队合作能力、人际沟通能力,以及发展和谐人际关系的能力,为培养一名高素质的从业者奠定基础。

三、课程内容与要求(表2-6)

课程内容以学习项目进行描述,包括学习项目的名称、学时、学习目标及工作任务、工作进程(活动设计)、教学方法和建议、工具与媒体、教师所需执教能力。学习目标主要描述通过该学习项目的学习学生应获得的岗位能力;学习内容主要描述在该学习项目中所需学习的知识点。

四、实施建议

(一)教材选用和编写建议

本课程教材选用中国铁道出版社出版、朱晓宁编著的《旅客运输心理学》。

以下为参考资料:

(1)肖阳,《营销心理学实战技巧》,中国科学文化音像出版社,2012年8月出版。

(2)单凤儒主编,《营销心理学》,高等教育出版社,2008年出版。

(3)白战风主编,《消费心理分析》,中国经济出版社,2009年出版。

旅客心理学课程内容与要求

表 2-6

序号	工作项目	能力要求	任务	教学活动设计	参考学时	教学组织方法及形式	教学资源
1	项目一 旅客共性心理与服务	**知识：** 1. 了解旅客心理活动的一般服务要求和特点，能理解人际沟通的含义及原则 2. 真诚沟通、换位思考、有效沟通方式的训练 3. 沟通视窗理论在旅客服务接待中的运用 4. 非语言沟通形式介绍，非语言沟通形式的运用 **技能：** 1. 能分析在旅客服务中共性诉求及人际沟通的影响因素，会使用有效的沟通方式，并灵活运用于旅客服务接待的各环节中，沟通中的积极态度 2. 通过体态语言训练，运用非语言沟通形式提高沟通技巧，服务乘客和客户 **素质：** 培养服务意识	1. 轻轨、地铁服务观摩，找出旅客的共性心理诉求 2. 人际沟通的感性认识 3. 破冰游戏 4. 体会“将心比心”的真诚沟通的积极效果 5. “换位思考”的游戏活动，训练有效的沟通方式 6. 体态语言训练	1. 通过多媒体情境教学或实地岗位进行考察，观摩优秀的轨道服务实例 2. 通过多媒体教学展示案例情境，进行分析，对人际沟通的积极意义有感性认识 3. 破冰游戏活动，建立主动沟通的意识 4. 通过多媒体案例教学进行体会，能体会到“将心比心”的真诚沟通的积极效果 5. “换位思考”的游戏活动，掌握与另一方交往的沟通要求 6. 情境模拟，在角色扮演中训练有效的沟通方式	22	1. 校内模拟地铁实训基地、多媒体教学设备、教学课件、软件、视频教学资料 2. 实地参观、情境教学法 3. 教师下达任务，学生课前自由收集资料；课上讨论分析或实训室实训，并角色扮演进行表演	视频库、案例库、模拟题库）、行业信息等
2	项目二 旅客个性心理与服务	**知识：** 1. 掌握乘客与客户的心理特点与心理需求，了解乘客与客户服务接待中不同类型的乘客和客户的心理特点与心理需求 2. 非语言沟通形式介绍，非语言沟通形式的运用 3. 个人情绪表达方式、自我情绪管理方式、稳定他人情绪方法 **技能：** 1. 依据不同心理特点，有针对性地接待服务方法以及沟通技巧 2. 通过体态语言训练，运用非语言沟通形式提高沟通技巧，服务乘客和客户 3. 懂得与人相处之道，以利于团队工作有效开展，以应对工作中的突发事件 **素质：** 了解不同乘客及客户的心理诉求，提高团队合作意识	1. 服务项目介绍 2. 各类乘客心理特点的总结 3. 各类乘客心理特点的调查 4. 识别有特殊需求的乘客 5. 服务技巧与沟通的训练	1. 进行轨道服务各环节的参观考察，了解各岗位为客户提供的服务项目 2. 通过多媒体案例进行教学，总结不同个性类型的乘客和客户的心理特点 3. 多媒体案例教学，学会分析乘客的不同需求，学会识别有特殊需求的乘客 4. 通过情境模拟、角色扮演，训练有效的服务技巧与沟通方法，提高服务水平与人际沟通能力 5. 能了解面部表情与身体动作、空间位置与声音暗示、服饰和其他装饰品的沟通效果等各种非语言沟通形式 6. 学会运用非语言沟通技巧，有效开展服务交往	20	1. 分小组调查不同年龄层次、不同性别乘客的心理特点，做出调查报告，课堂上进行小组交流、讨论，由教师总结分析 2. 分小组扮演不同性别乘客，根据面部表情、声音暗示、服饰和其他装饰品模拟表演，判断心理活动，由教师总结分析 3. 通过视频学习	

续上表

序号	工作项目	能 力 要 求	任务	教学活动设计	参考学时	教学组织方法及形式	教学资源
3	项目三 旅客群体心理与服务	**知识：** 了解群体心态发生的诱因与环节，掌握群体心态的特征，掌握应对策略 **技能：** 1. 掌握合法的强制手段，即“堵”住时态蔓延 2. 掌握“动之以情”的沟通方式 **素质：** 在服务危机出现时，及时处理的能力	1. 情绪表达 2. 情绪管理 3. 突发事件的处理	1. 学生相互之间学会适度的情绪表达 2. 通过进行理性情绪的辨析与讨论，使学生较好地管理自己的情绪 3. 模拟对群体事件果断的、强制的、合法的控制事态措施	18	1. 分小组扮演乘客与服务人员，发生突发事件、出现群体事件，迅速判断群体心态，采取“堵住”的措施，由教师总结分析 2. 通过视频学习	
4	项目四 客运服务人员的心理修养	**知识：** 1. 客服人员的工作动机及抱负水平 2. 客服人员的能力及培养 3. 客服人员的情绪情感培养 **技能：** 1. 懂得与人相处之道，以利于团队工作有效开展 2. 应对工作中的突发事件，以双赢原则为出发点解决乘客和客户的不满、投诉等问题 **素质：** 1. 提高团队合作意识 2. 提高理性的沟通技巧	1. 体会冲突 2. 投诉处理 3. 沟通魅力秀评比 4. 口语拓展	1. 进行沟通魅力秀评比，让学生讨论自身应提高哪些方面的修养 2. 相互交流，以丰富学生的口头用语	12	1. 组织学生分小组开展情境小品表演，进行沟通魅力秀评比，让学生讨论自身应提高哪些方面的修养 2. 收集有效的沟通魅力语言，并相互交流，以丰富学生的口头用语	
合计					72		

(二)教学建议

(1)在教学过程中,应注重将理论知识与实际相结合,加强学生理论联系实际能力的培养。

(2)本课程应采用投影仪、多媒体课件等教学资源授课,以突出感性认识,尽量与现场实际情况相结合,以提高学生的学习兴趣。

(3)在教学过程中,要创设工作情境,加强操作训练。

(4)在教学过程中应注重道德品质、职业素养的培养。

(三)教学考核评价建议

(1)改革传统的对学生的评价手段和方法,建立过程评价与目标评价并重的评价体系,引导学生具有严谨的学风与认真负责的态度。

(2)关注评价的多元性,充分肯定学生的多元思维和创造性的实践活动。结合课堂提问、学生作业、平时测验、实验实训及考试情况综合评价学生的成绩。

(3)应注重对学生的动手能力和在实践中分析问题、解决问题能力的考核。

(四)课程资源的开发与利用

(1)注重投影仪、多媒体课件等教学资源的开发和利用,有效地创设形象生动的工作情境,激发学生的学习兴趣。

(2)建议加强课程资源的开发,建立跨学校的多媒体数据库,努力实现多媒体资源的共享,以提高课程资源利用效率。

(3)注重学校与相关企业的合作,提高教学效率。

(五)其他说明

本课程标准适用于新疆交通职业技术学院城市轨道交通运营管理专业。

课程6　市场调查与预测

课程名称:市场调查与预测
课程性质:专业基础课
建议学时:36学时
适用专业:城市轨道交通运营管理

一、前言

(一)课程定位

市场调查与预测是基于市场调研工作过程开发的一门集调研业务知识与实践技能相结合的专业课程。通过本课程学习,使学生能比较全面系统地了解市场调研的工作流程,掌握市场调研的基本理论与方法,培养学生具有较好的开展市场调研、分析、预测和解决企业相关问题的能力,以适应信息化时代我国企业经济活动的开展对于市场信息的收集和分析的需要。

(二)教学设计思路

(1)本课程教学坚持理论够用原则,注重素质教育,激发学生的学习兴趣,在启发、提示下使其自主地、全面地理解市场调研与预测的基本理论和基本方法,提高学生实际操作技能,增强他们理论联系实际的能力,培养学生的创新精神、实际操作能力与应用能力。

(2)本课程在教学过程中,倡导自主学习,启发学生对设定状况积极思考、分析,鼓励多元思维方式并将其表达出来,尊重个体差异。建立能激励学生学习兴趣和自主学习能力发展的评价体系。该体系由过程性评价和期末评价构成。在教学过程中应以过程性评价为主,注重培养和激发学生的学习积极性和自信心。期末评价应注重检测学生的知识应用能力。评价要有利于促进学生的知识应用能力和健康人格的发展。建立以过程培养促进个体发展,以学生可持续发展能力评价教学过程的双向促进机制,以激发兴趣、展现个性、发展心智和提高素质为基本理念。

(3)以提高学生综合职业能力为目标,组织实施任务驱动教学法、四阶段教学法、引导文教学法、问题探究法、案例法等行动导向的教学模式。

(4)本课程在教学过程中,要充分利用现代教学手段,不断改进教学方式,通过多媒体、网络、音像等组织学生学习鲜活的材料,突出典型案例的剖析,采用互动式教学使学生得到模拟训练,提高他们发现问题、分析问题、解决问题的能力。

二、课程目标

通过任务引领型的项目活动,使学生了解车站设备管理各系统的组成及主要部件的作用、结构、类型，能描述车站设备各系统工作原理及主要部件工作过程，能操纵车站的相关车站设备，能判断相关车站设备故障，能处理相关车站设备的简单故障，养成诚实、守信、吃苦耐劳的品德，养成善于动脑、勤于思考、及时发现问题的学习习惯，具有善于和乘客进行良好沟通、和不同部门的同事团结协作的能力，养成安全操作各种车站设备的习惯。

（一）知识目标

（1）掌握市场调研的相关概念、市场调研的内容、市场调研方案的构成。

（2）理解掌握问卷设计的基本结构与内容。

（3）掌握市场调研的四种基本方式：重点调查、普查、典型、抽样。掌握市场调研的方法：文案调查法、访谈法、观察法、实验法、网络调查法等。

（4）理解掌握对所收集资料做定量、定性分析的整理步骤，掌握几种常见的资料整理技术。

（5）理解掌握定性分析法（归纳分析法、类比分析法、推理分析法、对应分析法）与定量分析法（描述性分析法和解析性分析法）等内容。

（6）理解掌握市场调研报告的结构和内容。

（二）技能目标

（1）进行设计市场调研方案的能力。

（2）进行问卷设计的能力。

（3）进行市场信息收集的能力。

（4）进行市场信息整理的能力。

（5）进行市场信息分析的能力。

（6）撰写市场调研报告的能力。

（三）素质目标

（1）培养在实际工作中刻苦钻研、实事求是的职业品质和岗位职业道德。

（2）培养诚实正直、专业信心等方面的基本品性。

（3）培养持之以恒、积极进取、自强不息的向上精神。

（4）培养团队合作精神。

（5）培养敏锐的洞察力、应变思维、创新力。

（6）培养自我管理、自我培养力。

三、课程内容与要求（表2-7）

四、实施建议

1. 教材选用

为实现将学科教学转变为技能培养的高职理念，以岗位职业能力分析为基础，采用有利于职业能力培养的高职高专精品教材。教师要善于结合实际教学需要，灵活地和有创造性地使用教材，对教材的内容、编排顺序、教学方法等方面进行适当的取舍或调整。教材使用一段时间以后，应该及时对使用情况进行总结分析，思考一下教材的使用是否达到了预先制订的教学目标，是否有利于提高教学效果，应该在哪些方面做进一步的调整，是否继续使用该教材等。

表 2-7

市场调查与预测课程内容与要求

序号	工作项目	能力要求	工作过程	教学过程	参考学时
1	项目一 市场调查方案的设计	**知识：** 1. 能够为企业确定市场调查目标 2. 学会与企业管理人员沟通交流 3. 培养市场调查的基本认知 **技能：** 1. 具备初步设计市场调查方案的能力 2. 能对给出的市场调查方案设计的可行性进行分析 **素质：** 1. 具备敏锐的观察能力 2. 培养社会责任心、合作意识 3. 培养沟通协调能力	任务一　市场调查基础知识	1. 市场调查的服务对象 2. 市场调查的具体内容 3. 市场调查的类型 4. 市场调查的应用类型 5. 市场调查方案设计的意义 6. 市场调查方案设计的内容和流程 7. 市场调查方案的可行性研究方法	2
			任务二　市场调查方案的设计		4
2	项目二 市场调查的实施	**知识：** 1. 应用二手资料调查法收集完整适用的资料 2. 应用合理的访问法进行原始资料收集 3. 能应用合适的观察方法和工具进行实地调查 **技能：** 1. 理解市场调查机构的类型、市场调查人员的素质要求及培训方式方法 2. 能借助市场调查机构进行市场调查 3. 掌握进行市场调查的程序 **素质：** 1. 具备良好的职业道德与素质 2. 培养社会责任心、合作意识 3. 培养吃苦耐劳、勤于实践的精神	任务一　市场调查方法的选择	1. 掌握各种调研方法的使用、特点及选择 2. 市场调查方法的选择原则 3. 设计调查问卷及测量技术 4. 市场调查的一般步骤 5. 市场调查过程中应遵循的原则和基本要求 6. 了解问卷设计的过程，能进行简单的问卷设计 7. 能利用态度测量表解决实际问题	4
			任务二　市场调查的测量技术选择		4
			任务三　市场调查现场实施		4

续上表

序号	工作项目	能力要求	工作过程	教学过程	参考学时
3	项目三 调查资料的整理与分析	**知识:** 1. 了解市场调查资料整理的基本内容 2. 掌握市场调查资料整理的程序 3. 理解二手资料加工的程序 **技能:** 1. 能运用具体方法对原始资料加工整理 2. 能对二手资料进行加工整理 **素质:** 1. 培养规范严谨的意识 2. 培养社会责任心、合作意识 3. 具备调研人员基本素质	任务一 市场调查资料整理的内容和程序	1. 市场调查资料整理的内容 2. 市场调查资料整理的程序 3. 原始资料的整理 4. 二手资料的整理 5. 理解统计图和统计表 6. 能制作统计图和统计表 7. 掌握市场调查资料整理的程序	2
			任务二 市场调查资料的整理		2
			任务三 市场调查资料基础分析		2
4	项目四 市场预测	**知识:** 1. 理解对比类推法、综合意见法、主观概率法和先行指标预测法的含义和特点 2. 理解定量预测常用的方法 **技能:** 能运用头脑风暴法、德尔菲法进行简单的市场预测 **素质:** 1. 培养规范意识和质量意识 2. 培养社会责任心、合作意识 3. 具备较强的社会协调能力与合作意识	任务一 定性预测法	1. 对比类推法 2. 综合意见法 3. 头脑风暴法 4. 德尔菲法 5. 主观概率法 6. 先行指标预测法 7. 时间序列预测法 8. 回归分析预测 9. 初步具备使用定性预测法的能力 10. 初步具备使用定量预测法的能力	2
			任务二 定量预测法		2
5	项目五 市场调查报告的撰写	**知识:** 1. 理解市场调查报告的作用及重要性 2. 理解市场调查报告的种类及特点 **技能:** 1. 掌握调查报告的基本结构和写作技巧 2. 能根据特定的调查目标和调查结构撰写市场调查报告 **素质:** 1. 培养规范意识、严谨的态度 2. 培养社会责任心、合作意识 3. 具备良好的沟通意识	任务一 市场调查报告的重要性	1. 市场调查报告的形式 2. 市场调查报告的重要性 3. 市场调查报告的特点 4. 撰写市场调查报告的基本原则与要求 5. 市场调查报告的格式与基本结构	4
			任务二 市场调查报告的撰写		4
合计					36

2. 教材编写原则与要求

（1）可借助学院图书馆、网络、书报杂志、电视广播等丰富的资源引导学生自学。

（2）积极利用电子书籍、电子期刊、数字图书馆、教育网站、营销专业网页等网上信息资源，使教学内容从单一化向多元化转变，使教学从单一媒体向多种媒体转变，使教学活动从信息的单向传递向双向转换转变，由学生单独学习向合作学习转变，使学生知识和能力的拓展成为可能。

（3）充分利用校外实训基地为学生的综合实训和顶岗实习提供实训场所。

课程 7　城市轨道交通运营安全

课程名称:城市轨道交通运营安全
课程性质:专业基础课
建议学时:30 学时
适用专业:城市轨道交通运营管理

一、前言

本课程是城市轨道交通运营管理专业的专业基础课程,是一门综合性、实践性课程,既要求学生具备扎实的理论基础,同时也要求学生针对不同的行业、企业实际有灵活的变通能力和实践技能。以安全系统工程和安全管理基本理论为框架,以人—设备—环境为主线,系统分析影响交通运输安全的因素,探讨交通运输安全分析和评价方法,对不同运输方式的安全管理体制、方针、方法等进行系统介绍。因此,在日常的教学中,要侧重学生实践技能的培养,同时还要拓宽学生的知识面,增强学生的理解问题和分析、解决问题的能力,使学生掌握运输安全的基本理论、基本知识和基本技能,为未来的岗位提供必要的技能和适应能力。

(一)课程定位

根据高职高专轨道交通运营单位对轨道交通运营管理专业学生从事运营安全管理工作或从事设备设施检修、行车调度组织所需具备的专业基础理论知识的要求,详细介绍城市轨道交通安全管理基础知识、危险源辨识、应急处置、事故调查分析处理、法律法规等安全基础知识及行车安全、施工安全、消防安全、特种设备安全、人身安全、环境安全等。

(二)教学设计思路

按照城市轨道交通运营管理专业培养计划要求,本课程针对城市轨道交通运营安全课程复杂性和实践性的要求,提炼和总结普适性、规律性内容,结合实战情境设计,全新开设城市轨道交通运营安全任务驱动型项目课程。

本课程设计思路是:以岗位实际工作任务为中心,基于城市轨道交通运营安全的不同方面组织课程内容,让学生在完成具体的学习性工作任务过程中学会完成相应工作任务,并构建相关理论知识,发展职业能力。

教学以学生为中心,根据高职学生的特点,利用先进的现代化教学手段和设施,通过展示常见货物种类的照片、实物等,增强学生的感性认识,丰富学生的视野,培养学生强烈的学习兴趣;以各项教学任务诱导学生学习,将理论知识与生活实践、常识有机结合,充分调动学生在教学中的主动性、积极性和创造性,使学生从被动接受的教学客体转变为主动参与的教学主体,引导学生自主学习、独立思考,以保证学生未来对岗位的适应能力和面对问题、解决问题的能力。

课程内容突出对学生职业能力的训练，以应用为目的，以必需、够用为度，并融合站务员、汽车运输调度员的职业标准来确定课程的教学内容和实践项目。本课程共归纳为10个不同的学习情境，通过理实一体化的教学模式，实践教学与理论教学相辅相成，使学生能够更好地掌握运输安全的不同方面所需的理论知识与操作技能。

二、课程目标

通过任务驱动型项目教学活动，使学生掌握城市轨道交通运营安全的基础知识，初步形成一定的学习能力和课程实践能力，并培养学生诚实、守信、合作、敬业等良好品质，使学生在获得基础知识和基本技能的同时学会学习，形成正确的价值观。

(一)知识目标

(1)掌握安全管理体系、危险源辨识与控制、行车安全管理、运营施工安全管理、设备安全管理技术、消防安全技术、人身安全技术、运营安全环境、应急管理、事故调查与处理的基本知识。

(2)熟悉轨道交通运营安全的基本方法。

(3)具备综合运用知识解决实际问题的能力。

(4)具备灵活的变通能力和实践技能。

(二)技能目标

(1)具备资讯、计划、决策、实施、检查、评价的基本做事方法能力。

(2)独立获取知识的能力。

(3)创新意识和创新精神。

(三)素质目标

(1)求实精神和科学态度。

(2)高尚的职业道德素养。

(3)活学活用知识的创新能力。

(4)合作、沟通、评价、塑造自我形象的能力。

三、课程内容与要求(表2-8)

四、实施建议

(一)教材选用和编写建议

1. 教材选用

应打破传统的学科教材模式，校企联合，以本课程标准为依据编写工学结合的教材。

2. 教材编写原则与要求

充分考虑必修课程与选修课程之间的关系，即以必修课程为基础，为学生构建一个“共同发展的基础”。必修课程的内容在一定程度上是选修课程内容的整合与综合体现，选修课程则是在必修课程 学习基础上的进一步延伸和发展。教材在内容、目标和要求等方面形成一个完整的系统。加强综合技能的训练，处理好知识、技能运用的关系。

城市轨道交通运营安全课程内容与要求

表 2-8

序号	工作项目	能力要求	任务	教学活动设计	参考学时	教学组织方法及形式	教学资源
1	项目一 安全管理基础	**知识：** 城市轨道交通安全管理的必要性、特殊性、重要性 **技能：** 能掌握城市轨道安全管理体系 **素质：** 培养认真的学习态度和严谨的工作态度	运营安全管理	1. 安全生产的要素之间的关系 2. 灵活运用城市轨道交通安全管理原则和安全管理手段于实践中	2	1. 分组教学讨论，5 人/组 2. 师生互动交流	1. 设备：投影 2. 软件：PPT
2	项目二 危险源辨识与控制	**知识：** 1. 理解影响城市轨道交通运营安全的因素 2. 掌握城市轨道交通危险源识别与分析 3. 了解城市轨道交通危险源评价与控制 **技能：** 1. 能辨识危险源，了解危险源的种类，掌握危险源的辨识方法，掌握城市轨道交通危险源的控制 2. 熟悉安全检查表编制步骤，了解编制检查表的注意事项 **素质：** 掌握防火灭火的基本方法，熟悉预防电气事故的措施，掌握城市轨道交通危险源的辨识与控制方法	1. 城市轨道交通运营安全的影响因素	1. 熟悉安全生产责任制的要求 2. 安全硬技术设备保障体系 3. 安全软技术设备保障体系	2	1. 分组教学讨论，5 人/组 2. 师生互动交流	1. 设备：投影 2. 软件：PPT
			2. 城市轨道交通危险源识别与分析	1. 危险源的概念 2. 危险源类别 3. 危险源识别对象划分 4. 危险源事故类型			
			3. 城市轨道交通危险源评价与控制	1. 危险源风险评价 2. 划分风险登记 3. 风险控制措施 4. 城市轨道交通常用安全标示			

续上表

<table>
<tr><th>序号</th><th>工作项目</th><th>能 力 要 求</th><th>任务</th><th>教学活动设计</th><th>参考学时</th><th>教学组织方法及形式</th><th>教学资源</th></tr>
<tr><td rowspan="6">3</td><td rowspan="6">项目三
行车安全管理</td><td rowspan="6">知识：
1. 掌握行车安全、行车事故的含义及行车事故的分类
2. 掌握行车事故报告程序和处理的方法
3. 掌握行车调度安全的基本任务和要求
4. 掌握列车驾驶安全的基本规定和作业安全准则
5. 掌握接发列车、调车作业安全基本要求
6. 了解接发列车安全的基本知识、惯性事故的种类
技能：
1. 行车安全工作的基本组织能力
2. 行车事故报告和初步判断事故类别的能力
3. 查找行车事故原因，并提出初步解决方法的能力
素质：
培养认真的学习态度和严谨的工作态度</td><td>1. 行车安全管理概念</td><td>1. 行车基本概述
2. 行车事故的分类
3. 行车事故的管理原则
4. 行车事故的报告及调查处理</td><td rowspan="6">4</td><td rowspan="6">1. 分组教学讨论，5 人/组
2. 师生互动交流</td><td rowspan="6">1. 设备：投影
2. 软件：PPT</td></tr>
<tr><td>2. 行车调度安全</td><td>1. 行车调度安全
2. 行车调度在行车安全工作中的作用</td></tr>
<tr><td>3. 车站作业安全</td><td>1. 车站作业安全工作的基本要求
2. 接法列车作业的基本知识</td></tr>
<tr><td>4. 列车安全驾驶</td><td>1. 列车驾驶不安全因素的控制
2. 列车驾驶的基本规定
3. 列车驾驶作业安全准则</td></tr>
<tr><td>5. 调车作业安全</td><td>1. 调车作业事故的常见原因分析
2. 调车作业安全的基本要求</td></tr>
<tr><td>6. 城市轨道交通行车事故分析</td><td>1. 常见行车事故分析
2. 行车事故案例</td></tr>
<tr><td>4</td><td>项目四
运营施工安全管理</td><td>知识：
1. 地铁运营施工管理概述
2. 运营施工控制
3. 施工作业人员管理
技能：
1. 地铁运营施工管理的基本组织能力
2. 运营施工控制的能力
3. 施工作业人员管理的能力
素质：
培养认真的学习态度和严谨的工作态度</td><td>运营施工安全管理</td><td>1. 地铁运营施工管理概述
2. 运营施工控制
3. 施工作业人员管理</td><td>2</td><td>1. 分组教学讨论，5 人/组
2. 师生互动交流</td><td>1. 设备：投影
2. 软件：PPT</td></tr>
</table>

续上表

序号	工作项目	能力要求	任务	教学活动设计	参考学时	教学组织方法及形式	教学资源
5	项目五 设备安全管理技术	**知识：** 1. 设备安全管理概述 2. 通用设备安全管理 3. 特种设备安全管理 **技能：** 1. 设备安全管理的基本组织能力 2. 通用设备安全管理的能力 3. 特种设备安全管理的能力 **素质：** 培养认真的学习态度和严谨的工作态度	设备安全管理技术	1. 设备安全管理概述 2. 通用设备安全管理 3. 特种设备安全管理	4	1. 分组教学讨论，5人/组 2. 师生互动交流	1. 设备：投影 2. 软件：PPT
6	项目六 消防安全技术	**知识：** 1. 消防基础知识及地铁灾害的特点 2. 消防安全技术与设备 3. 消防安全管理 **技能：** 1. 火灾安全基础知识的能力 2. 消防安全技术与设备使用的能力 3. 消防安全管理的能力 **素质：** 培养认真的学习态度和严谨的工作态度	消防安全技术	1. 消防基础知识及地铁灾害的特点 2. 消防安全技术与设备 3. 消防安全管理	4	1. 分组教学讨论，5人/组 2. 师生互动交流	1. 设备：投影 2. 软件：PPT

续上表

<table>
<tr><th>序号</th><th>工作项目</th><th>能力要求</th><th>任务</th><th>教学活动设计</th><th>参考学时</th><th>教学组织方法及形式</th><th>教学资源</th></tr>
<tr><td rowspan="3">7</td><td rowspan="3">项目七
人身安全技术</td><td rowspan="3">知识：
1. 乘客安全管理
2. 职工健康与人身安全管理
3. 伤害急救管理
4. 急救的处理
技能：
1. 乘客安全知识的能力
2. 辨析安全色与对比色的定义，了解安全色和对比色的种类和用途，熟悉城市轨道交通常用标志
3. 伤害的急救处理能力
4. 急救处理能力
素质：
培养认真的学习态度和严谨的工作态度</td><td>1. 人身安全技术；</td><td>1. 乘客安全管理
2. 职工健康与人身安全管理</td><td rowspan="3">4</td><td rowspan="3">1. 分组教学讨论，5 人/组
2. 师生互动交流</td><td rowspan="3">1. 设备：投影
2. 软件：PPT</td></tr>
<tr><td>2. 伤害急救管理</td><td>1. 机械伤害急救
2. 触电伤害急救
3. 人工急救
4. 其他伤害急救</td></tr>
<tr><td>3. 急救的处理</td><td>1. 创伤急救
2. 止血
3. 休克
4. 中暑</td></tr>
<tr><td>8</td><td>项目八
运营安全环境</td><td>知识：
1. 掌握城市轨道交通安全的含义和基本内容
2. 掌握城市轨道交通安全影响因素分析
3. 掌握城市轨道交通事故类别及分析
4. 城市轨道交通事故类别及其分析
5. 掌握城市轨道交通安全管理的基本方法
6. 了解城市轨道交通安全管理的重要意义
7. 了解城市轨道交通安全管理的途径、安全文化建设的特点
技能：
1. 分析影响安全的因素的能力
2. 辨别城市轨道交通事故与原因的分析能力
3. 识别安全色、安全标志的能力
素质：
培养认真的学习态度和严谨的工作态度</td><td>运营安全环境</td><td>1. 运营安全的概念
2. 安全总体管理
3. 安全管理的重点
4. 安全事后管理
5. 企业安全文化建设
6. 设备影响因素分析
7. 社会环境影响</td><td>4</td><td>1. 分组教学讨论，5 人/组
2. 师生互动交流</td><td>1. 设备：投影
2. 软件：PPT</td></tr>
</table>

续上表

序号	工作项目	能力要求	任务	教学活动设计	参考学时	教学组织方法及形式	教学资源
9	项目九 应急管理	**知识：** 1. 突发事件定义 2. 突发事件应急预案的编制与应急演练 3. 突发事件应急救援的基本任务 4. 突发事件信息通报原则 5. 事故的处理 **技能：** 1. 处理突发事件应急救援的基本能力 2. 突发事件应急预案的编制与应急演练的能力 3. 降低损失，减少事故影响，缩短救援时间 4. 紧急事故的处理能力 **素质：** 培养认真的学习态度和严谨的工作态度	应急管理	1. 突发事件应急管理概述 2. 突发事件应急预案的编制与应急演练 3. 突发事件的应急处置 4. 突发事件信息通报处理 5. 事故的处理	2	1. 分组教学讨论，5人/组 2. 师生互动交流	1. 设备：投影 2. 软件：PPT
10	项目十 事故调查与处理	**知识：** 1. 掌握城市轨道交通事故分类 2. 了解城市轨道交通事故处理程序 3. 熟悉安全运营控制体系 **技能：** 1. 了解城市轨道交通安全运营状态 2. 掌握城市轨道交通事故和故障的处理 3. 了解安全运营管理体系 4. 掌握运营安全事后控制的能力 **素质：** 培养认真的学习态度和严谨的工作态度	事故调查与处理	1. 事故致因分析及预防理论 2. 事故等级及事故报告 3. 事故调查和分析	2	1. 分组教学讨论，5人/组 2. 师生互动交流	1. 设备：投影 2. 软件：PPT
合计					30		

3. 教学参考资料使用建议

(1)交通运输部道路运输司,国内外城市轨道交通事故案例评析,人民交通出版社出版。

(2)王艳辉、祝凌曦,城市轨道交通运营安全管理方法与技术,北京交通大学出版社,2011年出版。

(3)蒋玉琨,城市轨道交通安全管理,人民交通出版社,2011 年出版。

(4)张先福、张家忠,危险物品管理,中国人民公安出版社,2009 年出版。

(二)教学建议

(1)本课程是按照高职课程教学的规律开设,要求学生不仅掌握城市轨道交通运营安全的理论知识,还要求学生能够针对不同的环境养成灵活的变通能力和实践技能,增强学生在实际业务过程中理解问题和分析、解决问题的能力,为未来的岗位提供必要的技能和适应能力。

(2)本课程授课教师应具有双师型素质,要具备一定的基础理论知识和较扎实的专业理论功底,还必须具备熟练的操作技能和实践技能。

(三)教学考核评价建议

采用过程考核和结果考核相结合的考核方法。注重对学生动手能力和在实践中分析问题、解决问题能力的考核,对在学习和应用上有创新的学生应给予特别鼓励,综合评价学生的能力。

课程考核成绩由以下三部分组成:

(1)课堂表现占 30%,要求回答内容正确。

(2)平时作业占 30%,作业齐全,内容基本正确,字迹清楚。

(3)考试成绩占 40%,要求对所学习的课程专业知识进行全面的考核,从中了解学生对专业知识的综合运用能力。

(四)课程资源的开发与利用

积极开发和利用网络课程资源。理论教学的教室需要配备多媒体设备,通过多媒体、视频、图片等展示辅助教学,提高教学效果,满足高职学生综合职业能力培养的需求。

本课程标准实施时,任课教师可根据实际课时和对象情况,对内容、课时和要求做适当调整,以利于教学任务的完成和更好地适合人才培养需要。

第三部分

专业核心课程标准

课程8　轨道交通客运组织

课程名称:轨道交通客运组织
课程性质:专业核心课
建议学时: 72 学时
适用专业:城市轨道交通运营管理

一、前言

(一)课程定位

轨道交通客运组织是城市轨道交通运营管理专业的专业核心课程,侧重于理论联系实际,是轨道交通运输组织体系课程的一个重要组成部分。依据人才培养方案,轨道交通客运组织是学生应当具备的专业能力,隶属于轨道交通相关知识的子模块。

通过本课程的学习和理论实践,对城市轨道交通客运组织的诸方面,如车站工作组织、售检票系统、安全检查工作等有一个基本了解,培养学生的独立思考能力和解决问题的综合分析能力,以使其在今后工作中能够更好地胜任客运、票务、安检等工作岗位。

(二)教学设计思路

城市轨道交通运营管理专业毕业生的就业基本岗位是车站站务员,发展岗位是车站客运值班员、值班站长、站长。因此,以车站站务岗位的职业标准为主要依据,参考客运值班员和值班站长的职业标准,对本课程进行整体教学设计。

本课程设计思路是:以岗位实际工作任务为中心,基于城市轨道交通客运组织工作过程安排课程内容,让学生在完成具体的学习性工作任务过程中学会完成相应的工作任务,并构建相关理论知识,发展职业能力。

课程内容突出对学生职业能力的训练,以应用为目的,以必需、够用为度,并融合站务员、行车调度员和客运调度员的职业标准来确定课程的教学内容和实践项目。按照轨道交通客运组织的主要内容归纳学习情境,通过理实一体化的教学模式,实践教学与理论教学相辅相成,使学生能够更好地掌握完成各项工作所需的理论知识与操作技能。

二、课程目标

(一)知识目标

熟悉地铁票务政策及车票使用规定;掌握大客流情况下的客流组织原则、措施及控制方法;掌握客流预测的方法;熟悉客运突发事故的处理原则与技巧等;具备客流分析能力;能够正确办理城市轨道交通客运业务;能够处理大客流情况下的客流控制以及非正常情况下的各种客流组织；能够调查预测客流；能够按标准化作业及时妥善处理客运突发事故等。

（二）技能目标

客流分析能力；客流调查和客流量预测能力；制订客流计划能力；自动售检票系统模式选择能力；票务规则执行能力；车站车票管理能力；车站票务事务处理能力；车站票务报表填写能力；车站票务钥匙管理能力；车站票款管理能力；车站设备、设施布置与运用能力；正常情况下客流组织能力；大客流组织能力；突发事件客流组织能力；处理票务安全突发事件能力；处理乘客安全突发事件能力。

（三）素质目标

爱岗敬业，吃苦耐劳，知理守信；团队精神，沟通协调；认真细致，精益求精；安全作业能力；与同事及乘客的沟通能力；培养责任心与职业道德能力。

三、课程内容与要求（表3-1）

四、实施建议

（一）教材选用和编写建议

1. 教材选用

建议选用中国铁道出版社出版、朱海燕主编的《城市轨道交通客运组织》。

2. 教材编写原则与要求

（1）作为高职教材，编写时要注意以能力为本位，以岗位技能为目标，从基本认知到操作再到管理决策，逐级递进，彻底打破原有的课程内容框架。有明确的教学目标，重点解决教学中的难点、重点，并注意教材的思想性、启发性和适用性。

（2）编写教材应理论联系实际，注意培养学生分析问题和解决问题的能力。通过对有关问题或有关领域的延展思考，启迪学生的遐想空间。为了培养具有良好职业道德、具有一定理论知识、具有较强操作和管理实践能力、具有可持续发展能力、为企业所欢迎的高技能应用型轨道交通运营管理人才，校企联合编写适合工学结合教学的教材，教材编写以校企合作、工学结合培养高技能人才的要求为目标，提高课程内容的应用性和针对性。

（3）教材内容坚持以学生为本、为教学服务，注意内容的前沿性及实战性。教材内容应以多种形式呈现（如图、文、表等），提高学生的学习兴趣，加深学生对轨道交通客运组织知识的理解与掌握。

（4）编写教材必须遵循大纲要求，注意总结教学经验，体现循序渐进的原则，要注意由浅入深、由易到难，对于教材中的关键点、难点、重点，尤其要阐述透彻。

3. 教学参考资料使用建议

教学参考资料建议选用近三年出版的高职高专规划教材，也可以选择相应的辅助实训教材。

（二）教学建议

（1）重视学生在校学习与实际工作的一致性，有针对性地采取工学交替、任务驱动、项目导向、课堂与实习地点一体化等行动导向的教学模式。

表 3-1

轨道交通客运组织课程内容与要求

序号	能力要求	学习情境	学习子情境	工作过程	教学过程	参考学时	教学资源
1	**知识:** 了解城市轨道交通与常规地面交通的特点;熟悉车站的组成,车站设备及其子系统,导乘设施;熟悉客运服务的基本礼仪;掌握站务员的工作内容、熟悉各种城市轨道交通票卡及其用途;掌握售票工作流程;熟悉票务组织工作 **技能:** 能区分城市轨道交通与常规地面交通;能分辨车站的不同组成部分并说出其功能;能识别常见的车站设备及设施;能根据站务员的日常工作内容及乘客进出站流程进行简单的客运组织;能分辨不同的城市轨道交通票卡;能进行BOM机和自动售票机售票操作;学会更换单程票箱 **素质:** 培养认真的学习态度和严谨的工作态度,培养学生团队合作的精神	日常客流组织	日常客流组织	1. 进出车站 2. 进出闸机 3. 站台候车 4. 列车乘降 5. 线路换乘	1. 资讯 (1)布置任务;(2)知识准备。公共交通基本知识;车站构造及设施;车站客流流线;站务员岗位职责及作业流程;客运服务基本礼仪;检票及乘降组织工作;售票组织;票务组织 2. 决策 学生分组按照教师布置的任务,通过教学资源、网络等多种渠道进行讨论与分析 (1)城市轨道交通与常规地面交通;(2)车站的组成;(3)车站设备及其子系统,导乘设施;(4)站务员的工作内容;(5)客运服务的基本礼仪;(6)各种票卡及其用途;(7)售票工作流程;(8)票务组织及管理 3. 计划 制订学习计划及日常客运组织方案;确定组员分工,确定组员角色,按照基本要求,确定情境内容 4. 实施 (1)基本知识及工作内容知识准备;(2)制订学习计划;(3)组员分工,制订日常客运组织方案;(4)确定组员角色,确定情境演练内容;(5)分组准备方案汇报 5. 检查 提交方案、PPT 汇报或情景演练 6. 评价 随机抽取小组汇报工作过程,或者分组上交相关文件资料,小组互查,教师评价	30	视频库、案例库、模拟题库、行业信息、流程图等

续上表

序号	能力要求	学习情境	学习子情境	工作过程	教学过程	参考学时	教学资源
2	**知识：** 熟悉常见的无障碍设施；掌握特殊乘客客流组织的方式方法；熟悉限流常用的方式；了解客流的特征；掌握客流调查、分析与预测的基本方法；掌握受理和处理乘客投诉及纠纷的技巧 **技能：** 能说出常见无障碍设施及其功能；能针对不同乘客选择合适的方法提供客流组织服务；能根据特定情况选择合适的限流方法；能用基本方法完成客流调查、分析与预测；能处理简单的乘客投诉及纠纷 **素质：** 培养认真的学习态度和严谨的工作态度，培养学生团队合作的精神	特殊情况客流组织	1. 特殊乘客（儿童、老年人；外籍乘客、民族乘客；残疾人） 2. 雨雪天气 3. 大客流爆满 4. 乘客投诉	1. 进出车站 2. 进出闸机 3. 站台候车 4. 列车乘降 5. 线路换乘	1. 资讯 （1）布置任务；（2）知识准备。无障碍设施；客运服务技巧；限流组织（雨天、大客流）；客流特性与分布；客流调查分析与预测；乘客投诉处理 2. 决策 学生分组按照教师布置的任务，通过教学资源、网络等多种渠道进行讨论与分析。 （1）常见的无障碍设施及其功能；（2）在客运服务过程中可能会遇到哪些特殊乘客，应如何做好服务；（3）限流的方式；（4）客流的特征与分布情况；（5）客流调查、分析与预测的方法；（6）如何受理和处理乘客投诉 3. 计划 制订学习计划及确定特殊乘客客流组织方案，确定组员分工，确定组员角色，按照基本要求，确定情境内容 4. 实施 （1）基本知识及工作内容知识准备；（2）制订学习计划；（3）组员分工，制订特殊乘客客流组织方案；（4）确定组员角色，确定情境演练内容；（5）分组准备方案汇报 5. 检查 提交方案、PPT 汇报或情景演练 6. 评价 随机抽取小组汇报工作过程，或者分组上交相关文件资料，小组互查，教师评价	26	视频库、案例库、模拟题库、行业信息、流程图等

续上表

序号	能力要求	学习情境	学习子情境	工作过程	教学过程	参考学时	教学资源
3	**知识：** 熟悉车站可能会出现的突发事件；掌握突发事件的应急处理；掌握安全快速疏散乘客的方式方法 **技能：** 学会火灾、停电突发事件的应急处理方法，学会快速安全疏散乘客 **素质：** 培养认真的学习态度和严谨的工作态度，培养学生团队合作的精神	突发事件客流组织	1. 火灾 2. 停电 3. 暴恐	1. 紧急疏散 2. 应急处理	1. 资讯 (1)布置任务；(2)知识准备。什么是突发事件？出现突发事件时应如何进行客流组织 2. 决策 学生分组按照教师布置的任务，通过教学资源、网络等多种渠道进行讨论与分析 (1)可能出现的突发事件；(2)应如何做好应急处理；如何快速安全疏散乘客 3. 计划 制订学习计划及确定突发事件时客流组织特点，确定组员分工，确定组员角色，按照基本要求，确定情境内容 4. 实施 (1)基本知识及工作内容知识准备；(2)制订学习计划；(3)组员分工，确定突发事件时客流组织特点；(4)确定组员角色，确定情境演练内容；(5)分组准备方案汇报 5. 检查 提交方案、PPT 汇报或情景演练 6. 评价 随机抽取小组汇报工作过程，或者分组上交相关文件资料，小组互查，教师评价	16	视频库、案例库、模拟题库、行业信息、流程图等
合计						72	

(2)根据课程内容和学生特点,灵活运用案例分析、分组讨论、角色扮演、启发引导教学方法,引导学生积极思考、乐于实践,提高教学效果。

(3)在教学过程中,重视轨道交通行业企业的发展趋势,贴近企业现场,采取工学交替的教学模式,着眼学生职业生涯的发展,致力于培养学生综合职业能力,积极引导学生提升自身职业素养和职业道德水平。

(三)教学考核评价建议

教学考核主要包括平时成绩、期中考核、期末考核三部分。平时成绩根据学生日常表现情况进行考评;期中考核成绩根据完成的项目情况进行打分;期末考评主要考核学生对本门课程的综合掌握情况。

(四)课程资源的开发与利用

(1)加强常用课程资源的开发,建立多媒体课程资源的数据库,努力实现跨学校多媒体资源的共享,以提高资源利用效率。

(2)实现课程资源网络化,充分利用诸如电子书籍、电子期刊、数据库、数字图书馆、教育网站和电子论坛等网络信息资源,使教学媒体从单一媒体向多种媒体转变;使教学活动从信息的单向传递向双向交互转变;使学生从单独的学习向合作学习转变。

(3)联合合作企业,加强校内、校外实训基地建设,共同开发实训课程资源,同时促进学生就业。充分利用实训室,以满足校内技能训练需要和考核需要,满足高职学生综合职业能力培养的需求。

(五)其他说明

本课程标准适用于新疆交通职业技术学院城市轨道交通运营管理专业。

课程9　沟 通 实 务

课程名称:沟通实务
课程性质:专业核心课
建议学时:72 学时
适用专业:城市轨道交通运营管理

一、前言

(一)课程定位

沟通实务是城市轨道交通运营管理专业核心课程,旨在培养学生的沟通能力、客户服务能力,同时养成积极自我沟通以培养积极心态、亲和力、人际沟通力等职业素养,以有效支撑城市轨道运营管理专业全人格职业能力培养,另外,对各专业高职大学生的人格素养、人际沟通素养培养有良好效果。

本课程是一门交叉性、综合性的应用学科。它与社会心理学、市场营销学、传播学、公共关系学、组织行为学、营销礼仪学、逻辑学等学科有着密切的联系,具备上述学科的知识,将会从宽阔的视野理解本门课程的原理、方法与技术。

(二)教学设计思路

沟通实务是城市轨道交通运营管理专业必修的基本技能课程。通过本课程的学习,使学生以基本理论为依托,通过实践环节巩固基本理论知识,掌握营销沟通的基本策略、技巧、基本礼仪、比较标准的服务语言,能够较好地把握各个环节能够利用沟通的基本策略技巧独立分析一个完整的沟通与沟通谈判,为后续课程的学习和从事相关营销工作准备必要的基础知识和技能。

本课程设计的总体思路是:以学习沟通与谈判的基本知识为基础,培养沟通与谈判能力为重点,以技能训练为主线,通过教师讲授、引领自学案例讨论、模拟实践等教学方式,做到理论与实践相结合、传授知识与培养能力相结合、教授知识与提升素质相结合。

本课程是依据城市轨道交通运营管理专业的人才培养目标与规格以及当代社会对城市轨道交通运营服务人员的素质要求而设置的。建议课程在第二学年第一学期开设。

二、课程目标

沟通实务课程着眼于行业企业对人才需求的能力要求,以交流沟通能力和社会融合能力的培养为课程目标,为学生的可持续发展打下良好的基础。沟通实务坚持“为学生的专业发展服务,为学生的成长成才服务,全面提升学生的综合素质”的宗旨,培养学生的社会适应性,为学生的可持续发展服务，全面提升学生的综合素质和社会竞争能力。通过组织学生学习人际沟通的相关理论和实务，使学生了解人际沟通的基本原则并掌握实用的沟通技巧，从而全面培养学生的沟通实践能力，提高学生的综合素质和社会适应性。

（一）知识目标

（1）掌握沟通的概念、种类、模式、原则以及过程。
（2）认识倾听的作用、原则、步骤，掌握语言沟通的主要形式、作用和沟通策略。
（3）非语言沟通的主要形式、作用和沟通策略。
（4）能够分辨不同的客户类型。
（5）能够掌握商务谈判、会议沟通、面试沟通的基本理论知识。
（6）掌握演讲、辩论、商务谈判、会议沟通的技巧和方法。

（二）技能目标

（1）进行有效赞美、倾听、说服的能力。
（2）排除干扰的能力，避免沟通失效的能力。
（3）具备有效倾听、有效发问的技巧的能力。
（4）具有各种使用口语有效沟通的方法的能力。
（5）掌握各种书面沟通的技巧的能力。
（6）掌握空间距离、表情动作、语音语调在沟通中的运用及方法的能力。
（7）掌握与不同类型客户沟通的能力。
（8）具有正确处理各种人际关系，实现人际间的高效沟通的能力。
（9）具备演讲能力、商务谈判能力、会议沟通的能力。
（10）具备综合运用沟通技巧的能力。

（三）素质目标

（1）具有一定的人际沟通能力和良好的沟通态度。
（2）培养具有爱岗敬业的职业素养。
（3）具备良好的沟通能力和团结协作的精神。
（4）培养具有肯干、愿干、能干、会干、爱岗敬业的职业素养。
（5）提高素质，具有适应时代需要的交往沟通能力。

三、课程内容与要求（表 3-2）

四、实施建议

（一）教学建议

建议采用如下教学方法。

1. 小组讨论法

小组讨论法属于社会化教学法，它是达到情感领域教学目标的重要教学方法，具体的实施程序如下：

表 3-2

沟通实务课程内容与要求

序号	工作项目	能力要求	任务	教学活动设计	参考学时	教学资源
1	项目一 与个人沟通技巧	**知识：** 能够理解和掌握沟通基础知识 **技能：** 1. 进行有效赞美、倾听、说服的能力 2. 排除干扰的能力，避免沟通失效的能力 **素质：** 培养具有爱岗敬业的职业素养，具备良好的沟通能力和团结协作的精神	1. 设计精彩的开场白 2. 有效赞美 3. 有效倾听 4. 有效说服 5. 排除沟通障碍	1. 破冰与开场	2	商务谈判室、商务礼仪室
				2. 让学生自我介绍	2	
				3. 语言沟通训练	2	
				4. 非语言沟通训练	2	
				5. 赞美他人训练	2	
				6. 倾听技巧训练	2	
				7. 说服技巧训练	4	
				8. 排除沟通障碍训练	4	
				9. 亲和力、情绪控制力训练	4	
2	项目二 与乘客沟通技巧	**知识：** 1. 能够掌握有效倾听、语言沟通、书面沟通、非语言沟通基本理论知识 2. 能够分辨不同的客户类型 **技能：** 1. 掌握有效倾听、有效发问的技巧的能力 2. 掌握各种使用口语有效沟通的方法的能力 3. 掌握各种书面沟通的技巧的能力，掌握空间距离、表情动作、语音语调在沟通中的运用及方法的能力 4. 掌握与不同类型客户沟通的能力 **素质：** 培养具有肯干、愿干、能干、会干、爱岗敬业的职业素养，具备良好的沟通能力和团结协作的精神	1. 设计精彩的开场白 2. 有效赞美 3. 有效倾听 4. 有效说服 5. 排除沟通障碍	1. 仪容仪表培训	2	商务谈判室、商务礼仪室
				2. 观察力训练	2	
				3. 倾听、询问技巧训练	4	
				4. 接近客户的训练	2	
				5. 与客户洽谈的训练	4	
				6. 处理客户异议的训练	4	
				7. 说服成交的训练	4	

续上表

序号	工作项目	能 力 要 求	任务	教学活动设计	参考学时	教学资源
3	项目三 高效团队沟通技巧	**知识：** 1. 能够掌握商务谈判、会议沟通、面试沟通基本理论知识 2. 掌握演讲、商务谈判、会议沟通的技巧和方法 **技能：** 1. 具有正确处理各种人际关系，实现人际间的高效沟通的能力 2. 具备演讲能力、商务谈判能力、会议沟通的能力 3. 具备综合运用沟通技巧的能力 **素质：** 具有肯干、愿干、能干、会干、爱岗敬业的职业素养，具备良好的沟通能力和团结协作的精神	1. 设计精彩的开场白 2. 有效赞美 3. 有效倾听 4. 有效说服 5. 排除沟通障碍	1. 商务礼仪训练	4	商务谈判室、商务礼仪室
				2. 演讲能力训练	6	
				3. 辩论沟通训练	4	
				4. 商务谈判训练	4	
				5. 会议沟通训练	4	
				6. 面试沟通训练	4	
合计						72

按互补原则自愿组队→选择合适的题目→分配工作→进行讨论→综合报告。小组讨论教学能为每位成员提供平等学习的机会,让大家平等地参与其中,发表观点,树立自信,训练胆识和口才,可有效地促进学生的理解能力、表达能力和知识的迁移运用能力,同时还有效地培养起一种难得的轻松愉快和民主的学习氛围。

2. 角色扮演法

角色扮演法是一种制造或模拟一定的现实生活片段,由学习者扮演其中的角色,将角色的言语、行为、表情及内心世界表现出来,以学习新的行为或解决问题的方法。采用“角色扮演法”让学生制造或模拟一定的现实生活片段,并扮演其中的角色,将角色的言语、行为、表情及内心世界表现出来,具体的实施程序如下:分组→每组编写剧本→分配角色并排练→表演→总结。这种用演出的方法来组织开展教学的方法,使教学过程生动化、艺术化,从而更好地激发起了学生的学习兴趣,有利于唤起学生对他人的同情和共鸣,并在角色的不断转换中学会换位思考。

3. 游戏教学法

游戏教学法是以游戏的形式教学,也就是说使学生在生动活泼的气氛中、在欢乐愉快的活动中、在激烈的竞赛中,达到学习的目的。

4. 案例教学法

案例教学法是教师将所需要掌握的理论知识融汇到一个典型生动的案例中,即把学生置于复杂、有意义、相对真实的问题情境中,学生通过对案例进行分析、推理、判断、提出问题,以自主学习、小组讨论的方式解决问题,从而获得隐含于问题背后的相关科学知识,是一种启发式的教学方法。通过案例分析既能使理论浅显易懂,又能使学生在分析案例的过程中增长判断能力、分析能力、观察能力及自主学习的能力,同时,学生自己采集案例的方法也能让同学们在“旁观者清”的角色中对正确的沟通技巧有更主动、切实的感受和掌握。

5. 演说法

演说法作为一种综合性的表达才能,要求学生既要有良好的书面语言沟通能力(准备讲稿或提纲),又要有熟练的口语表达能力,还要有生动的非语言沟通的表演能力,所以,在人际沟通与交流的教学中,无论是平时的课堂学习还是期末的考核,都鼓励同学们用演说的方式大胆地说出自己的或团队共同的观点、想法、创意,在此过程中,让学生从心理素质到沟通技巧、从语言到非语言的沟通能力都得到有效提高。

6. 任务驱动法

通过从易到难的各项任务来考查学生综合运用各项沟通技巧解决问题的能力,以达到“在做中练,在做中想,在做中收获”的学习效果。

在教学手段方面:一是根据课程特点,应用先进的现代科学技术,强调多媒体课件和各类影音资料的运用,并尽量深入到企业部门参观学习;二是根据企业的特点,适当调整授课时间,以便尽可能地结合实际进行实践性教学。

(二)教学考核评价建议

教学考核分为过程性考核、笔试、实操、课程论文、项目汇报或相互结合。

考核形式分为教考分离、自主考核。

沟通实务课程计划从课程方面进行考核,将考试考核的重点分解在教学过程中,将平时的实训成绩、实验报告以及综合实训成果作为评分依据，为学生提供一个相对宽松的环境，能够比较全面地反映学生的综合素质，体现出“以能力为核心、以项目教学为手段”的教学主导思想。

课程考核采用阶段性考核和项目考核相结合的方式进行，阶段性考核占40%、项目考核占60%。阶段性考核采用期末实操方式进行。项目考核按照每项任务从知识、能力、素质三方面分别考核，采用课堂活动评定、课外实践活动评定、作业评定和小组互评等方式。

课程 10　轨道交通运输设备

课程名称：轨道交通运输设备
课程性质：专业核心课
建议学时：60 学时
适用专业：城市轨道交通运营管理

一、前言

（一）课程定位

轨道交通运输设备是城市轨道交通运营管理专业的必修课程，也是该专业的核心课程之一。该课程开设的目的在于给学生系统讲授线路结构、车站布置、机电设备、供电系统、环控系统的基本知识，培养对车站布置图形进行分析和绘制、机电设备使用的基本技能，为继续学习接发列车等专业核心课程打下基础，为毕业后从事城市轨道交通生产、服务、管理等一线工作创造条件。

（二）教学设计思路

本课程是依据"城市轨道交通运营管理专业工作任务与职业能力分析表"中的车站设备管理工作项目设置的。随着城市轨道交通的发展，先进技术的应用越来越广泛，而城市轨道交通运营管理专业的学生就业方向主要是城市轨道交通企业的车站运营管理人员，正确使用各种车站设备对于他们今后的工作具有非常重要的意义，为此而设置这门课程。

课程内容的编排和组织是以满足企业需求、遵循学生的认知规律、有利于提高学生的动手能力为依据确定的。立足于实际能力培养，对课程内容的选择标准做了根本性改革，打破以知识传授为主要特征的传统学科课程模式，转变为以工作任务为中心组织课程内容，并让学生在完成具体项目的过程中学会完成相应工作任务，并构建相关理论知识，发展职业能力。经过城市轨道交通行业专家深入、细致、系统的分析，本课程最终确定了 4 个学习项目：客运设备模块、行车设备模块、安全设备模块、监控设备模块。这些学习项目是以城轨日常运营工作中涉及的各种车站设备的操作、故障判断和处理为线索来设计的。课程内容突出对学生职业能力的训练，理论知识的选取紧紧围绕工作任务完成的需要来进行，并融合相关职业对知识、技能和态度的要求。项目设计以工作任务为线索来进行。

按照情境学习理论的观点，只有在实际情境中学生才可能获得真正的职业能力，并获得理论认知水平的提高，因此本课程要求打破纯粹讲述理论知识的教学方式，实施项目教学以改变学与教的行为。每个项目的学习都以车站设备管理的工作任务为载体来设计教学活动，以工作任务为中心整合理论与实践,实现理论与实践的一体化教学。教学效果评价采取过程评价与结果评价相结合、教师评价和学生互评相结合的方式,通过理论与实践相结合,重点评价学生的职业能力。

二、课程目标

通过任务引领型的项目活动,使学生了解车站设备管理各系统的组成及主要部件的作用、结构、类型,能描述车站设备各系统工作原理及主要部件工作过程;能操纵车站的相关设备,能判断相关车站设备故障,能处理相关车站设备的简单故障;养成诚实、守信、吃苦耐劳的品德,养成善于动脑、勤于思考、及时发现问题的学习习惯;具有善于和乘客进行良好沟通、和不同部门的同事团结协作的能力,养成安全操作各种车站设备的习惯。

(一)知识目标

(1)了解车站机电设备的组成、作用,能描述车站设备的工作过程。

(2)了解各种车站设备的主要部件的结构、作用,能描述各种车站设备的工作过程。

(3)能描述车站设备简单故障产生的原因和排除思路。

(二)技能目标

(1)能按操作规程操作各种车站设备。

(2)能判断各种车站设备的简单故障。

(3)能排除各种车站设备的简单故障。

(三)素质目标

(1)养成诚实、守信、吃苦耐劳的品德。

(2)养成善于动脑、勤于思考、及时发现问题的学习习惯。

(3)具有和班组及其他相关部门的同事良好协作的团队意识,能进行良好的团队合作。

(4)养成爱护实训设备的良好习惯。

(5)养成安全操作设备的意识。

三、课程内容与要求(表3-3)

四、实施建议

(一)教材选用

(1)依据本课程标准编写教材,教材应充分体现任务引领、实践导向课程的设计思想。

(2)教材应将本专业职业活动,分解成若干典型的工作项目,按完成工作项目的需要和岗位操作规程,通过城市轨道交通票务管理场景模拟、理实一体教学并运用所学知识进行评价,引入必需的理论知识,增加实践实操内容,强调理论在实践过程中的应用。

(3)教材应图文并茂,提高学生的学习兴趣,加深学生对城市轨道交通票务管理的认识和理解。教材表达必须精炼、准确、科学。

(4)教材编写时将本专业的新知识、新技术、新问题、新设备及新的服务理念及时纳入教材,使教材内容更加符合行业发展和职业发展的实际需要,反映现代科学技术的实际发展水平,充分满足学生的实际需要。

轨道交通运输设备课程内容与要求

表 3-3

<table>
<tr><th>序号</th><th>工作项目</th><th>能 力 要 求</th><th colspan="2">任务</th><th>教 学 过 程</th><th>参考学时</th><th>教学资源</th></tr>
<tr><td rowspan="6">1</td><td rowspan="6">项目一 客运设备模块</td><td rowspan="6">知识：
1. 能对闸机运营进行日常操作（收票卡、换票箱）、控制闸机运营模式及对闸机简单故障进行处理（卡票）
2. 能操作自动售票机售卖单程票
技能：
1. 能操作自动充值机充值、更换纸币钱箱、更换打印纸
2. 能操作半自动售票机开启、间休；能使用半自动售票机进行车票发售、车票充值、车票分析、车票更新、车票退款、车票启用；能更换半自动售票机票箱
素质：
1. 能通过 SC 系统对车站 AFC 设备进行监控、查看 SC 系统报表、填写营收日报
2. 能处理车站自动售检票系统的故障</td><td rowspan="6">自动售检票系统</td><td>1. 自动售检票系统认知</td><td>1. 自动售检票系统的概念
2. 自动售检票系统的运营管理模式
3. 城市轨道交通自动售检票系统架构</td><td>2</td><td rowspan="5">1. 熟悉自动检票机内部结构
2. 掌握票箱更换的操作</td></tr>
<tr><td>2. 自动检票机的认知</td><td>1. 自动检票机的概念
2. 自动检票机的分类
3. 自动检票机的功能
4. 自动检票机的结构组成
5. 自动检票机的工作模式</td><td>2</td></tr>
<tr><td>3. 自动检票机的使用及应急处理</td><td>1. 自动检票机的工作流程
2. 更换票箱的操作
3. 自动检票机常见故障处理
4. 自动检票机的应急处理程序</td><td>2</td></tr>
<tr><td>4. 自动售票机的认知</td><td>1. 自动售票机的概念
2. 自动售票机的功能
3. 自动售票机结构组成
4. 自动售票机的工作模式</td><td>2</td></tr>
<tr><td>5. 自动售票机的使用及应急处理</td><td>1. 更换钱箱的操作
2. 自动售票机常见故障处理
3. 自动售票机的应急处理</td><td>2</td></tr>
<tr><td>6. 半自动售票机的使用及应急处理、自动查询机的认知</td><td>1. 自动查询机的概念
2. 半自动售票机的概念
3. 半自动售票机的功能
4. 半自动售票机的结构组成
5. 半自动售票机工作模式
6. BOM 机常见故障处理
7. 半自动售票机的应急处理</td><td>2</td><td>1. 熟悉半自动售票机结构组成
2. 掌握半自动售票机的售票、充值、验票、退票及补票等操作</td></tr>
</table>

续上表

序号	工作项目	能力要求	任务		教学过程	参考学时	教学资源
1	项目一 客运设备 模块	**知识：** 熟悉自动扶梯的构造，电梯的操作原理及运营管理 **技能：** 能开启、停止垂直电梯及垂直电梯困人应急处理 **素质：** 能开启、停止自动扶梯及紧急停梯操作	楼梯、自动扶梯及电梯	1. 楼梯的认知、自动扶梯的操作	1. 楼梯的概念 2. 楼梯设计原则 3. 地铁车站楼梯设计宽度 4. 楼梯设计参数 5. 自动扶梯概念 6. 地铁车站自动扶梯的设置要求 7. 自动扶梯的构造 8. 自动扶梯的操作按钮及运行	2	1. 熟悉电梯的结构组成 2. 掌握电梯的操作
				2. 自动扶梯的应急处理、电梯的操作及应急处理	1. 自动扶梯运营管理 2. 自动扶梯客伤应急处理 3. 电梯概念及结构 4. 电梯操作及运营管理 5. 电梯故障应急处理及检修	2	
		知识： 熟悉低压配电系统和照明系统构成 **技能：** 能控制低压配电系统和照明系统 **素质：** 能进行应急处理	低压配电与照明系统	1. 低压配电系统的认知	1. 地铁供电系统的组成 2. 低压配电系统的构成和分布 3. 低压配电负荷分类 4. 低压配电设备的配电方式 5. 低压配电系统控制位置及控制方式	2	
				2. 照明系统的认知	1. 照明系统范围 2. 照明系统分类 3. 照明配电设计 4. 照明系统控制位置及控制方式 5. 应急处理		

续上表

序号	工作项目	能力要求	任务		教学过程	参考学时	教学资源
2	项目二 行车设备模块	**知识：** 安全门的基本理论知识 **技能：** 能操作安全门 **素质：** 能进行安全门应急处理	安全门	1. 安全门的认知	1. 安全门的概念、优点及设置原则 2. 安全门分类 3. 安全门的机械结构	2	1. 了解乘客室门与站台安全门综合控制台 2. 能用综合控制台控制乘客室门和站台安全门的动作
				2. 安全门的操作（一）	1. 屏蔽门系统的电气部分 2. 安全门的操作 3. 信号系统通过 PSC 控制安全门	2	
				3. 安全门的操作（二）	1. PSL 开/关门操作 2. 综合后备盘（IBP）的操作 3. LCB“手动”位开/关门操作 4. 多对屏蔽门不能关闭	2	
				4. 安全门的应急处理	1. 手动操作 2. 安全门的应急处理	2	
		知识： 能对 IBP 盘进行一般操作、应急操作及信号操作 **技能：** 能操作紧急停车按钮及知道产生的影响 **素质：** 能对屏蔽门进行就地控制盘操作、就地控制盒操作、应急门紧急解锁、应急处理	IBP 盘及紧急停车按钮	1. IBP 盘的操作	1. IBP 盘的概念及组成 2. IBP 盘的功能 3. IBP 盘的操作	2	1. 掌握 IBP 盘的构成 2. 掌握 IBP 盘的功能
				2. IBP 盘的操作、紧急停车按钮的操作	1. IBP 盘的操作 2. 紧急停车按钮的功能 3. 紧急停车按钮使用条件 4. 紧急停车按钮操作流程	2	

续上表

<table>
<tr><th>序号</th><th>工作项目</th><th>能力要求</th><th colspan="2">任务</th><th>教学过程</th><th>参考学时</th><th>教学资源</th></tr>
<tr><td rowspan="7">3</td><td rowspan="7">项目三
安全设备
模块</td><td rowspan="7">知识：
能使用火灾自动报警系统确认火灾、报警消音、查看故障/火灾信息及器件隔离、复位
技能：
能操作气体灭火系统
素质：
能操作环控系统</td><td rowspan="4">火灾自动报警系统</td><td>1. 地铁火灾的认知、消防标志的识别</td><td>1. 地铁火灾的特征及原因
2. 我国地铁存在的消防安全问题
3. 地铁火灾的预防
4. 消防标志的识别</td><td>2</td><td rowspan="4">1. 消火栓及手提式二氧化碳灭火器操作
2. 火灾自动报警系统案例分析</td></tr>
<tr><td>2. 消防器材的使用</td><td>1. 灭火器的使用
2. 消火栓的使用</td><td>2</td></tr>
<tr><td>3. 地铁火灾自动报警系统的使用</td><td>1. 火灾自动报警系统的概念及功能
2. FAS 系统设备
3. 火灾自动报警系统操作管理</td><td>4</td></tr>
<tr><td>4. 自动气体灭火系统的使用、地铁火灾的应急处理</td><td>1. 自动气体灭火系统的使用
2. 地铁火灾的应急处理</td><td>4</td></tr>
<tr><td rowspan="3">环控系统</td><td>1. 环控系统的认知</td><td>1. 环控系统的概念及分类
2. 环控系统的功能
3. 环控系统的组成</td><td>2</td><td rowspan="3">环控系统案例分析</td></tr>
<tr><td>2. 车站通风空调系统的认知</td><td>1. 车站公共区通风空调系统
2. 车站设备管理用房通风空调系统
3. 空调水系统</td><td>2</td></tr>
<tr><td>3. 车站通风空调系统的认知</td><td>1. 隧道通风系统的组成
2. 隧道通风系统的设备
3. 隧道通风系统运行工况
4. 列车火灾的处理
5. 环控系统的控制</td><td>4</td></tr>
</table>

续上表

序号	工作项目	能力要求	任务		教学过程	参考学时	教学资源
4	项目四 监控设备模块	**知识**： 综合监控系统各模块的功能 **技能**： 能操作综合监控系统各模块 **素质**： 能处理综合监控系统各模块故障	环境与设备监控系统	1. 环境与设备监控系统的认知	1. 环境与设备监控系统概念 2. BAS 系统构成 3. BAS 系统功能	2	环境与设备监控系统案例分析
				2. BAS 系统的运行管理	1. BAS 系统的监控内容 2. BAS 系统操作 3. 运行管理有关人员职责 4. BAS 系统的维护	2	
			综合监控系统	1. 综合监控系统的认知	1. 综合监控系统的概念 2. 综合监控系统与各子系统的连接 3. 综合监控系统集成 4. 综合监控系统组成	2	综合监控系统案例分析
				2. 综合监控系统的运营管理	1. ISCS 的功能 2. 综合监控系统的维护管理 3. 案例分析	4	
合计						60	

(二)编写建议

(1)注重实训指导书和实训教材的开发和应用。

(2)注重课程资源和现代化教学资源的开发和利用,如多媒体教室的应用,促进学生对知识的理解和掌握。

(3)积极开发和利用网络课程资源,使教学从单一媒体向多种媒体转变;教学活动从信息的单向传递向双向交换转变;学生单独学习向合作学习转变。

(4)校企合作开发实训课程资源,充分利用校内外实训基地,进行校企合作,实践“工学”交替。

课程 11　客运服务礼仪

课程名称：客运服务礼仪
课程性质：专业核心课
建议学时：72 学时
适用对象：城市轨道交通运营管理

一、前言

(一)课程定位

客运服务礼仪是城市轨道交通运营管理专业的一门专业核心课程，是从事车站站务员、客运员、客运值班员、行车值班员、行车调度员、车站值班站长等运营服务及管理类岗位的入门课程。其功能是让学生掌握轨道运营服务及管理各个岗位应具备的礼仪知识，使学生具备轨道运营服务各岗位所要求达到的仪容仪表、言谈举止要求。

(二)教学设计思路

本课程标准的设计以职业需要为导向，在专业人才需求调研和专业建设改革的基础上，邀请城市轨道交通方面的专家学者与技术人员对交通运营管理专业相应岗位的任务和职业能力进行分析分解，以应用为目的，以必需、够用为度，确定课程的教学内容和实践项目。本课程涉及的领域操作性、应用性较强，因此，通过理实一体化的教学模式，以实际工作流程为课程设计的“纲”，以流程中的工作节点安排各项目内容，实践教学与理论教学相辅相成，使学生能够更好地掌握完成各节点工作所需的理论知识与操作技能。

二、课程目标

(一)知识目标

(1)掌握礼仪的内容和内涵。
(2)掌握各类礼仪规则。
(3)了解沟通中相关技巧，并将其应用于实际业务当中。

(二)技能目标

(1)能够正确着装和佩戴饰物。
(2)学会与人交往、见面的基本流程。
(3)让学生养成良好的坐、站、行、走、蹲姿。
(4)提高职业化的微笑技能和手势运用技能。

(5)让学生切实做好日常接待引导、送客工作,形成良好的接待习惯。

(6)熟练运用各种礼仪规范,提高学生未来在各相关岗位上的职业化外在形象的定位和品位。

(三)素质目标

(1)要求学生在学好理论课的同时学会如何将理论应用到实际生活、学习、工作中。

(2)提高个人的礼仪修养,从而提高个人的素质。

三、课程内容与要求(表3-4)

四、实施建议

(一)教材选用和编写建议

1. 教材选用

选用中国铁道出版社出版、崔鸿嵘主编的《铁路客运服务礼仪》,2013年出版。

2. 教材编写原则与要求

(1)必须依据本课程标准编写教材及实训指导书。

(2)教材内容应跟上城市轨道交通行业的发展,礼仪知识符合时代特征,体现现代城市轨道交通运营管理人员的形象,体现不同客源的礼仪禁忌,以适应城市轨道交通行业发展的实际需要。

(3)教材应以学生为主体,文字和内容要突出重点且表述清晰;教材应图文并茂,提高学生的学习兴趣,促进学生对城市轨道交通运营管理各个岗位应具备的礼仪知识的了解。

3. 教学参考资料使用建议

(1)教材内容应体现先进性、通用性、实用性,要将本专业新要求及时地纳入教材,使教材更贴近本专业的发展和实际需要。

(2)教材中活动设计的内容要具体,并具有可操作性。

(二)教学建议

教学实施应确立和尊重学生在学习活动中的主体地位,所有教学活动都应围绕培养学生完成工作任务所需的职业能力而设计,真正实现学生在教学过程中"做学一体"的目标,具体教学建议如下。

(1)在教学过程中,应立足于将理论知识融贯于实际操作,加强学生服务意识和服务能力的培养;采用项目教学,以工作任务引领教学,提高学生学习兴趣,激发学生的成就动机。

(2)本课程教学的关键是模拟现场教学,在教学中以轨道运营管理各个岗位为背景,模拟客运服务场景。由教师和学生演示人与人的交往、服务人员与旅客的交流,注重启发与讨论相结合,让学生在"教"与"学"过程中,理解服务礼仪的内涵,为进一步学好专门化课程打好基础。

(3)在教学过程中,要应用多媒体课件、投影、实物样品等教学资源辅助教学,帮助学生对客运服务各个岗位工作有直观的了解。

表 3-4

客运服务礼仪课程内容与要求

序号	工作项目	能力要求	任务	教学活动设计	参考学时	教学组织方法及形式	教学资源
1	项目一 客运日常服务接待礼仪	**知识：** 1. 掌握客运服务礼仪的基本理论知识 2. 掌握西装的着装要求、搭配方法及女士着装要求 3. 掌握眼神、微笑的基本要领，正确使用眼神和微笑 4. 掌握正确的站姿、坐姿、行姿、蹲姿、鞠躬及手势 5. 掌握日常交际基本礼仪，能与旅客进行有效沟通 6. 掌握从业者的言语规范及技巧 7. 掌握电话用语的规范及要求 **技能：** 1. 强化礼仪意识，提高自身礼仪修养 2. 能按服饰仪容、言谈举止、表情态度等礼仪规范，设计和塑造自身的专业职业形象 3. 能自觉运用礼貌语言，了解沟通基本流程，学会有效的沟通、聆听与反馈技巧 4. 能掌握客运站服务礼仪 5. 能熟练运用乘务服务礼仪 **素质：** 1. 培养学生的礼仪修养，提升个人素养 2. 树立良好的职业形象	1. 课程介绍及团队建设	1. 介绍本学期教学内容、教学方法、考核方式及上课要求 2. 班级分组，完成团队建设（队名、队呼、队标、人员分工）	2	1. 分组讨论，6～8人/组 2. 视频播放 3. 教师操作示范 4. 任务设计 5. 情景演练 6. 小组互评 7. 教师点评	1. 工具：化妆品、镜子、领带、西装、套裙、衬衫、鞋袜、饰物 2. 设备：投影、数码相机、音乐播放器材、音乐歌曲 3. 教学资源：教学视频、教学课件、微笑的影像资料
			2. 个人形象塑造	1. 仪容仪表修饰 2. 服饰装扮 3. 表情控制 4. 仪态训练	18		
			3. 日常接待	1. 会面礼仪 2. 交谈技巧 3. 电话沟通 4. 馈赠技巧 5. 文书礼仪 6. 公共场所礼仪	20		
			4. 典型岗位接待	1. 客运站服务礼仪 2. 乘务服务礼仪	12		

续上表

序号	工作项目	能力要求	任务	教学活动设计	参考学时	教学组织方法及形式	教学资源
2	项目二 客运涉外服务礼仪	**知识：** 1. 掌握涉外会见的安排 2. 掌握涉外宴请活动 3. 掌握其他涉外礼宾活动 **技能：** 能熟练运用涉外会见、宴请礼仪和其他涉外礼宾活动礼仪 **素质：** 1. 培养学生团队协作能力 2. 培养学生的礼仪修养，提升个人素养	涉外礼宾接待	1. 涉外会见安排 2. 涉外宴请活动 3. 其他涉外礼宾活动	10	1. 教师操作示范 2. 任务设计 3. 情景演练 4. 头脑风暴 5. 案例教学 6. 分组讨论 7. 小组互评 8. 教师点评	1. 工具：场景卡片、自制名片、每组准备1份包装精美的礼物 2. 设备：投影、数码相机、摄像机、固定电话或者手机 3. 教学资源：教学课件、案例库
3	项目三 客运少数民族服务接待礼仪	**知识：** 1. 掌握世界三大宗教礼俗 2. 掌握我国少数民族礼仪 3. 掌握我国主要客源国礼仪 **技能：** 1. 能运用宗教礼仪 2. 能运用我国少数民族及港澳台地区礼仪 3. 能运用涉外礼仪 **素质：** 1. 培养学生的礼仪修养，提升个人素养 2. 树立良好的职业形象	1. 宗教礼仪	宗教礼仪	6	1. 观摩讨论 2. 多媒体 3. 归纳提炼 4. 小组总结 5. 教师点评	1. 工具：笔记本、笔 2. 设备：投影、数码相机、摄像机、固定电话或者手机 3. 教学资源：教学视频、教学课件
			2. 我国少数民族礼仪	我国少数民族礼仪			
			3. 我国主要客源国礼仪	我国主要客源国礼仪			
4	期中考试				2	期中考试卷	工具：试卷
5	期末复习				2	1. 教师课程总结 2. 师生互动交流	
合计					72		

(三)教学考核评价建议

(1)教学考核采用过程性考核和终结性考核相结合,实施学生自评、小组互评和教师点评的形式对学生表现进行综合评价。把教学评价从结果性评价转向每个教学单元的过程性评价,在每个教学单元都有评估环节,具体包括考勤、任务工单完成情况、课堂表现、实操成绩、作业等内容。既考核学生知识习得的过程和结果,又考核学生技能掌握的过程和结果,还考核学生态度养成的过程和结果,从而使教学评价真正成为促进学生学习的持续动力。具体课程考核要求见表3-5。

(2)考核形式分为自主考核。

课程考核要求 表3-5

考核主体	过程性考核			终结性考核
学校	考勤作业	实操表现	团队表现	期末实操
考核内容	重点知识	课堂模拟场景礼仪训练	团队整体表现	客运服务各岗位礼仪技能
比例(%)	10	25	25	40
总评比例(%)	60			40

(四)课程资源的开发与利用

(1)本课程打破了传统的学科教材模式,与实际操作相结合,以本课程标准为依据编写适合工学教学的教材。

(2)本课程在教学过程中,应立足于加强学生实际动手能力的培养,采用项目教学,结合情境模拟、案例分析、分组讨论等多种方式提高学生学习兴趣。

(3)本课程授课教师应具有双师型素质,要具备一定的基础理论知识和较扎实的专业理论功底,还必须具备熟练的操作技能和实践技能。

(4)积极开发和利用网络课程资源。建立开放式实验实训中心,将教学与实训合一,满足高职学生综合职业能力培养的需求。

第四部分

专业拓展课程标准

课程 12　基础会计

课程名称：基础会计
课程性质：专业拓展课
建议学时：72 学时
适用专业：城市轨道交通运营管理

一、前言

（一）课程定位

基础会计是城市轨道交通运营管理专业拓展课程之一。通过本课程的学习与实践，使城市轨道交通运营管理专业学生以就业岗位的需要为基点，掌握会计的基本理论、基本知识和基本方法，并初步掌握会计实际操作的技能，为后续专业课程的学习打下扎实的基础，同时培养学生严谨的思维与良好的工作习惯、成本控制意识及成本管理意识，成为主动适应社会需求、具有经营管理能力的复合型人才。

（二）设计思路

基础会计的课程设计，应以会计职业能力培养为重点，充分体现以能力为本位，以素质为基础、"教、学、做"一体化的高职教育理念，进行基于工作过程的课程设计。根据会计岗位工作流程，设计与工作内容相一致的课程项目；以能力在实践中培养的特点，设计教学方法与训练方法；以完成工作任务为结果，设计考核方案。总体要求是：以就业为导向，以能力为本位，以职业技能为主线，以项目课程内容为主题，以夯实基础、适应岗位为目标，形成模块化课程体系。教学内容按最新会计法规、会计准则进行更新和调整，培养学生创新能力、分析问题及解决问题的能力。

二、课程目标

（一）总体目标

通过任务引领的项目活动，使学生具备城市轨道交通运营管理专业所必需的会计基本理论知识和基本经济业务的会计处理能力，需要具有一定的财务管理能力，能读懂财务报表，进行经济成本分析与核算，正确掌握城市轨道运营各环节经济信息，能够进行成本管理及控制。树立现代会计岗位的理念和思维方式，同时培养学生爱岗敬业、团结协作的职业精神，为今后走向社会、参与生活、实现就业奠定良好的基础。

（二）具体目标

1. 知识目标

了解并运用会计基础的相关知识，掌握处理会计基本业务的能力；通过实训操作，让学生体会账务处理流程；通过学会复式记账、处理各种经济业务、登记账簿、对账、结账、编制财务报告，装订凭证、保管会计档案等整个会计处理过程，使学生掌握分析和运用会计信息进行相关决策和评价的方法。

2. 能力目标

能识别、确认核算单位经济业务的基本情况；能填制基本的原始发票；能根据原始发票编制会计分录；能设置账簿，填制记账凭证；能进行对账、结账；能编制资产负债表和利润表；能装订会计凭证。

3. 素质目标

具备一定的沟通能力和组织协调能力；具备一定的分析和运用会计信息进行评价的能力。

三、课程内容与要求（表4-1）

基础会计课程内容与要求 表4-1

序号	工作任务	课程内容及教学要求	活动设计	参考学时
1	会计工作认知	1. 掌握会计的概念，了解会计工作的基本内容 2. 掌握会计职能	1. 案例分析 2. 分组讨论 3. 认识相关会计资料	4（理论4+实训0）
2	建立会计账簿	1. 掌握会计工作语言——会计要素、会计科目 2. 掌握会计账户的一般结构，掌握借贷记账法的记账符号、记账规则 3. 掌握会计工作流程的第一环节——账簿建立的步骤	1. 例题讲解 2. 结合具体业务，确定涉及的会计要素、科目 3. 以模拟资料进行记账练习	14（理论10+实训4）
3	会计凭证的处理	1. 能够规范地填制常见的原始凭证，掌握原始凭证的审核方法，掌握原始凭证的整理、粘贴技能，能够按规范流程处理并传递原始凭证 2. 能够熟练规范准确地填制各项经济业务的记账凭证，掌握记账凭证的审核方法，掌握会计凭证的装订、传递和保管	采用情景式教学法，用仿真资料进行练习，要求学生进行角色体验	24（理论16+实训8）
4	会计账簿的登记	1. 熟悉账簿登记的一般流程，掌握账务处理程序的概念并理解各账务处理程序在账务处理流程上的本质区别 2. 掌握记账凭证账务处理程序和科目汇总表账务处理程序 3. 掌握错账的更正方法	一体化教学，要求学生进行实际账簿的登记练习	12（理论8+实训4）
5	期末处理	1. 熟悉账证核对、账账核对、账实核对的方法 2. 熟悉各类账户期末结账的方法	一体化教学，要求学生模拟对账、结账演练	6（理论2+实训4）
6	财务报表	1. 掌握简单资产负债表的内容结构、编制方法 2. 掌握利润表的编制	一体化教学，对给定资料编制报表	8（理论6+实训2）

续上表

序号	工作任务	课程内容及教学要求	活动设计	参考学时
7	会计凭证装订及档案保管	掌握凭证的装订方法，了解会计档案的种类和不同会计档案的保管要求	一体化教学，模拟练习，将一个期间的凭证进行整理，按要求装订	4（理论2+实训2）
合计				72

四、实施建议

（一）教材选用和编写建议

1. 教材选用

本课程选用教材为北京交通大学出版社出版、王珏慧和王桂芬主编的《基础会计与实务》，此教材为全国高职高专教育精品规划教材，教材编写体现了工作任务引领的特征，具有较强的实用性。

2. 教材、教学参考资料使用建议

（1）教材选用应根据会计制度、会计准则的更新和调整进行选用调整。

（2）教学参考资料可选用北京工业大学出版社出版、李建玲主编的《基础会计》，化学工业出版社出版、费琳琪主编的《基础会计》，经济科学出版社出版、赵红英主编的《基础会计与实务》。

（二）教学建议

采取项目教学法，根据企业财务工作的工作过程，细分为多个课程项目，按项目进行教学，以工作任务为出发点来激发学生的学习兴趣，培养学生的自学能力。教学中要注重创设教育情境，采取理论实践一体化教学模式，充分利用挂图、投影、多媒体等教学手段，并带领学生到企业进行现场观摩，增强学生对会计工作的感性认识，提高学生对本专业的学习兴趣。

（三）教学考核评价建议

本课程可采取平时考核、期末考核和综合实训考核相结合的考核评价方式。

平时成绩考核办法：以量化为准，具体衡量指标为平时作业的完成态度、次数和质量，上课听讲、发言以及给老师提教学意见等教学过程中学生的学习情况，分为优、良、合格、差4个等级，占总成绩的比例为20%。

期末成绩考核办法：以卷面成绩为准，所考内容以课程为中心，以上课所讲和所要求的内容为主，综合考查学生的学习情况，占总成绩的比例为40%。

实训成绩考核办法：在各个实训项目中，根据学生完成工作任务的情况，结合平时每次考核内容进行综合评分，以做出成果为主，占总成绩的比例为40%。

（四）课程资源的开发与利用

（1）根据学生的实际，与企业联合开发适合教学需要的教材与实训指导书。

（2）建立课程教学的督导与指导制度，定期组织检查与讨论，以达到教学目标实现的目的。

(3)充分利用网络资源,使学生的知识和能力得到拓展。

(五)其他说明

(1)本课程标准中每个项目教学内容均考虑与会计从业资格考试知识点的融合。

(2)对于项目中的模块,教师可根据学生实际进行相应取舍变动。

课程 13　轨道交通通信与信号

课程名称:轨道交通通信与信号
课程性质:专业拓展课
建议学时: 72 学时
适用专业:城市轨道交通运营管理

一、前言

(一)课程定位

轨道交通通信与信号属于城市轨道交通运营管理专业的专业拓展课程,侧重于理论联系实际,是轨道交通运营管理体系课程的重要组成部分。依据人才培养方案,轨道交通通信与信号使学生具备轨道交通轨道交通通信与信号相关工作处理的专业能力。

通过本课程的学习和理论实践,对轨道交通通信与信号的诸方面,如继电器、轨道电路、信号机、转辙机、车辆段(车场)联锁设备、正线联锁设备、ATC 系统及其他相关系统等有一个基本了解,培养学生的独立思考能力和解决问题的综合分析能力,以使其在今后工作中能够更好地胜任客运、票务、安检等工作岗位。

(二)教学设计思路

城市轨道交通运营管理专业毕业生的就业基本岗位是车站站务员,发展岗位是车站客运值班员、值班站长、站长。因此,以车站站务岗位的职业标准为主要依据,参考客运值班员和值班站长的职业标准,对本课程进行整体教学设计。

本课程设计思路是:以岗位实际工作任务为中心,基于轨道交通通信与信号工作过程安排课程内容,让学生在完成具体的学习性工作任务过程中学会完成相应工作任务,并构建相关理论知识,发展职业能力。

课程内容突出对学生职业能力的训练,以应用为目的,以必需、够用为度,并融合站务员、行车调度员和客运调度员的职业标准来确定课程的教学内容和实践项目。按照轨道交通通信与信号的主要内容归纳出学习情境,通过理实一体化的教学模式,实践教学与理论教学相辅相成,使学生能够更好地掌握完成各项工作所需的理论知识与操作技能。

二、课程目标

(一)知识目标

掌握继电器、轨道电路、信号机、转辙机在控制电路中的作用,了解故障—安全原则的基本要求;掌握车辆段及正线常用的联锁设备的作用及工作过程,熟悉 ATC 系统的组成及功能;掌握轨道交通通信系统、电话系统、闭路电视系统、广播系统、时钟系统的组成、原理和基本功能。

（二）技能目标

能分辨各种信号机及其显示，能掌握转辙机的操作方式，能说出车辆段及正线联锁设备的功能，能根据联锁的基本原则进行设备操作，能区分 ATC 子系统的功能，能说出通信系统、电话系统、闭路系统、广播系统、时钟系统的功能，能根据相关设备进行识别和操作。

（三）素质目标

培养认真的学习态度和严谨的工作态度，解决实际问题的能力，严格遵守安全操作规程，培养学生团队合作的精神。

三、课程内容与要求（表 4-2）

四、实施建议

（一）教材选用和编写建议

1. 教材选用

教材建议选用人民交通出版社出版、王青林主编的《城市轨道交通通信与信号系统》。

2. 教材编写原则与要求

（1）作为高职教材，编写时要注意以能力为本位，以岗位技能为目标，从基本认知到操作再到管理决策，逐级递进，彻底打破原有的课程内容框架。有明确的教学目标，重点解决教学中的难点、重点，注意教材的思想性、启发性和适用性。

（2）编写教材应理论联系实际，注意培养学生分析问题和解决问题的能力。通过对有关问题或有关领域的延展思考，启迪学生的遐想空间。为了培养学生具有良好的职业道德、具有一定的理论知识、具有较强的操作和管理实践能力、具有可持续发展能力、为企业所欢迎的高技能应用型轨道交通运营管理人才，应校企联合编写工学结合的教材。教材编写以校企合作、工学结合培养高技能人才的要求为目标，提高课程内容的应用性和针对性。

（3）教材内容坚持以学生为本、为教学服务，注意内容的前沿及实战性。教材内容应以多种形式呈现（图、文、表等），提高学生的学习兴趣，加深学生对轨道交通知识的理解与掌握。

（4）编写教材必须遵循大纲要求，注意总结教学经验，体现循序渐进的原则，要注意由浅入深、由易到难，对于教材中的关键点、难点、重点，尤其要阐述透彻。

3. 教学参考资料使用建议

教材建议选用近三年出版的高职高专规划教材，也可以选择相应的辅助实训教材。

（二）教学建议

（1）重视学生在校学习与实际工作的一致性，有针对地采取工学交替、任务驱动、项目导向、课堂与实习地点一体化等行动导向的教学模式。

（2）根据课程内容和学生特点，灵活运用案例分析、分组讨论、角色扮演、启发引导教学方法，引导学生积极思考、乐于实践，提高教学效果。

（3）在教学过程中，重视轨道交通的发展趋势，贴近企业现场，采取工学交替的教学模式，

表 4-2

轨道交通通信与信号课程内容与要求

序号	学习情境	子情境	能力要求	工作过程	教学过程	参考学时	教学资源
1	信号基础设备	1. 继电器 2. 轨道电路 3. 信号机 4. 转辙机	**知识：** 掌握继电器、轨道电路、信号机、转辙机在控制电路中的作用，了解故障—安全原则的基本要求 **技能：** 能分辨各种信号机及其显示，能掌握转辙机的操作方式 **素质：** 培养认真的学习态度和严谨的工作态度	1. 设备认知 2. 设备功能 3. 设备结构 4. 设备操作	1. 资讯 (1)布置任务；(2)知识准备。继电器、信号机、转辙机 2. 决策学生分组按照教师布置的任务，通过教学资源、网络等多种渠道进行讨论与分析 (1)信号基础设备的功能；(2)信号基础设备的主要构成；(3)设备操作要点；(4)设备拆装或者常见故障分析 3. 计划 制订学习计划，确定组员分工 4. 实施 (1)基本知识及工作内容知识准备；(2)制订学习计划；(3)组员分工；(4)根据教师要求，完成设备结构的认知及设备操作；(5)分组汇报或者实操 5. 检查 提交方案、PPT 汇报或者实训报告 6. 评价 随机抽取小组汇报工作过程，或者分组上交相关文件资料，小组互查，教师评价	32	视频库、案例库、模拟题库、行业信息、流程图等
2	列车设备与系统	1. 车辆段(车场)联锁设备 2. 正线联锁设备 3. ATC 系统	**知识：** 掌握车辆段及正线常用的联锁设备的作用及工作过程，熟悉 ATC 系统的组成及功能 **技能：** 能说出车辆段及正线联锁设备的功能，能根据联锁的基本原则进行设备操作，能区分 ATC 子系统的功能 **素质：** 严格遵守安全操作规程，培养认真的学习态度及解决实际问题的能力，培养严谨的工作态度	1. 设备认知 2. 设备功能 3. 设备结构 4. 设备操作	1. 资讯 (1)布置任务；(2)知识准备。车辆段联锁设备、正线联锁设备、ATC 系统 2. 决策学生分组按照教师布置的任务，通过教学资源、网络等多种渠道进行讨论与分析 (1)车辆段及正线常用的联锁设备的功能；(2)车辆段及正线常用的联锁设备的主要构成；(3)车辆段及正线常用的联锁设备操作要点；(4)设备拆装或者常见故障分析 3. 计划 制订学习计划，确定组员分工 4. 实施 (1)基本知识及工作内容知识准备；(2)制订学习计划；(3)组员分工；(4)根据教师要求，完成设备结构的认知及设备操作；(5)分组汇报或者实操 5. 检查 提交方案、PPT 汇报或者实训报告 6. 评价 随机抽取小组汇报工作过程，或者分组上交相关文件资料，小组互查，教师评价	20	视频库、案例库、模拟题库、行业信息、流程图等

续上表

序号	学习情境	子情境	能力要求	工作过程	教学过程	参考学时	教学资源
3	其他系统	1. 通信系统 2. 电话系统 3. 闭路电视系统 4. 广播系统 5. 时钟系统	**知识：** 掌握轨道交通通信系统、电话系统、闭路电视系统、广播系统、时钟系统的组成、原理和基本功能 **技能：** 能说出通信系统、电话系统、闭路系统、广播系统、时钟系统的功能，能根据相关设备进行识别和操作 **素质：** 培养认真的学习态度和严谨的工作态度，培养学生团队合作的精神	1. 设备认知 2. 设备功能 3. 设备结构 4. 设备操作	1. 资讯 （1）布置任务；（2）知识准备。通信系统、电话系统、闭路电视系统、广播系统、时钟系统 2. 决策学生分组按照教师布置的任务，通过教学资源、网络等多种渠道进行讨论与分析 （1）通信系统、电话系统、闭路电视系统、广播系统、时钟系统信号基础设备的主要构成；（2）设备操作要点；（3）设备拆装或者常见故障分析 3. 计划 制订学习计划，确定组员分工 4. 实施 （1）基本知识及工作内容知识准备；（2）制订学习计划；（3）组员分工；（4）根据教师要求，完成设备结构的认知及设备操作；（5）分组汇报或者实操 5. 检查 提交方案、PPT 汇报或者实训报告 6. 评价 随机抽取小组汇报工作过程，或者分组上交相关文件资料，小组互查，教师评价	20	视频库、案例库、模拟题库、行业信息、流程图等
合计						72	

着眼于学生职业生涯的发展，致力于培养学生综合职业能力，积极引导学生提升自身职业素养和职业道德水平。

(三)教学考核评价建议

教学考核主要包括平时成绩、期中考核、期末考核三部分。平时成绩根据学生日常表现情况进行考评；期中考核成绩根据完成的项目情况进行打分；期末考评主要考核学生对本门课程的综合掌握情况。

(四)课程资源的开发与利用

(1)加强常用课程资源的开发，建立多媒体课程资源的数据库，努力实现跨学校多媒体资源的共享，以提高资源利用效率。

(2)实现课程资源网络化，充分利用诸如电子书籍、电子期刊、数据库、数字图书馆、教育网站和电子论坛等网络信息资源，使教学媒体从单一媒体向多种媒体转变；使教学活动从信息的单向传递向双向交互转变；使学生从单独的学习向合作学习转变。

(3)联合合作企业，加强校内、校外实训基地建设，共同开发实训课程资源，同时促进学生就业。充分利用实训室，以满足校内技能训练需要和考核需要，满足高职学生综合职业能力培养的需求。

(五)其他说明

本课程标准适用于新疆交通职业技术学院城市轨道交通运营管理专业。

课程 14 轨道交通线路与场站设计

课程名称:轨道交通线路与场站设计
课程性质:专业拓展课
建议学时:30 学时
适用专业:城市轨道交通运营管理

一、前言

(一)课程定位

轨道交通线路与场站设计属于城市轨道交通运营管理专业的专业拓展课程,侧重于理论联系实际,是轨道交通运营管理体系课程的重要组成部分。依据人才培养方案,轨道交通线路与场站设计使学生具备轨道交通线路分析、场站布局分析等专业能力。

通过本课程的理论学习和实践,对城市轨道交通客运组织的诸方面,如轨道交通线网、轨道交通车站布局、配线设计等有一个基本了解,培养学生独立思考能力和解决问题的综合分析能力,以使其在今后工作中能够更好地胜任客运、票务、安检等工作岗位。

(二)教学设计思路

城市轨道交通运营管理专业毕业生的就业基本岗位是车站站务员,发展岗位是车站客运值班员、值班站长、站长。因此,以车站站务岗位的职业标准为主要依据,参考客运值班员和值班站长的职业标准,对本课程进行整体教学设计。

本课程设计思路是:以岗位实际工作任务为中心,基于轨道交通线路与场站设计工作过程安排课程内容,使学生在完成具体的学习性工作任务过程中学会完成相应工作任务,并构建相关理论知识,发展职业能力。

课程内容突出对学生职业能力的训练,以应用为目的,以必需、够用为度,并融合站务员、行车调度员和客运调度员的职业标准来确定课程的教学内容和实践项目。按照轨道交通线路与场站设计的主要内容归纳出 4 个学习情境,通过理实一体化的教学模式,实践教学与理论教学相辅相成,使学生能够更好地掌握完成各项工作所需的理论知识与操作技能。

二、课程目标

(一)知识目标

掌握轨道交通企业管理的基本知识、土建工程的结构、城市轨道交通系统设备;掌握线网规划的方法、过程和评价;掌握车站的建筑空间层次与布局,掌握车站结构,熟悉乘客使用空间及其换乘方式;了解车站的各类配线;熟悉配线在行车组织中的设计与功用。

（二）技能目标

熟悉轨道交通企业管理的模式，熟悉城市轨道交通系统设备的功能及使用；能够根据情况分析城市线网类型及特征，能分析线网的合理规模，能进行线网结构分析，能进行线网方案评价；能根据情况进行车站设施设备布局，能分析换乘站的换乘方式及枢纽站的空间布局；能分辨不同的配线及其功能；能根据情况分析车站的配线设计。

（三）素质目标

爱岗敬业，吃苦耐劳，知理守信；团队精神，沟通协调；认真细致，精益求精；安全作业能力；与同事及乘客的沟通能力；培养责任心与职业道德能力。

三、课程内容与要求（表4-3）

四、实施建议

（一）教材选用和编写建议

1. 教材选用

建议选用中国铁道出版社出版、何静主编的《城市轨道交通线路与站场设计》。

2. 教材编写原则与要求

（1）作为高职教材，编写时要注意以能力为本位，以岗位技能为目标，从基本认知到操作再到管理决策，逐级递进，彻底打破原有的课程内容框架。有明确的教学目标，重点解决教学中的难点、重点，并注意教材的思想性、启发性和适用性。

（2）编写教材应理论联系实际，注意培养学生分析问题和解决问题的能力。通过对有关问题或有关领域的延展思考，启迪学生的遐想空间。为了培养学生具有良好的职业道德、具有一定理论知识、具有较强操作和管理实践能力、具有可持续发展能力、为企业所欢迎的高技能应用型轨道运营管理人才，校企联合编写适合工学结合的教材。教材编写以校企合作、工学结合培养高技能人才的要求为目标，提高课程内容的应用性和针对性。

（3）教材内容坚持以学生为本、为教学服务，注意内容的前沿性及实战性。教材内容应以多种形式呈现（如图、文、表等），提高学生的学习兴趣，加深学生对轨道交通知识的理解与掌握。

（4）编写教材必须遵循大纲要求，注意总结教学经验，体现循序渐进的原则，要注意由浅入深、由易到难，对于教材中的关键点、难点、重点，尤其要阐述透彻。

3. 教学参考资料使用建议

教材建议选用近三年出版的高职高专规划教材，也可以选择相应的辅助实训教材。

（二）教学建议

（1）重视学生在校学习与实际工作的一致性，有针对性地采取工学交替、任务驱动、项目导向、课堂与实习地点一体化等行动导向的教学模式。

（2）根据课程内容和学生特点，灵活运用案例分析、分组讨论、角色扮演、启发引导教学方法，引导学生积极思考、乐于实践，提高教学效果。

轨道交通线路与场站设计课程内容与要求

表 4-3

序号	工作项目	能力要求	任务	教学活动设计	参考学时	教学组织方法及形式	教学资源
1	项目一 轨道交通各子系统	**知识**： 掌握轨道交通企业管理的基本知识，土建工程的结构，城市轨道交通系统设备 **技能**： 熟悉轨道交通企业管理的模式，熟悉城市轨道交通系统设备的功能及使用 **素质**： 培养认真的学习态度和严谨的工作态度	1. 分析轨道交通企业管理模式 2. 分析城市轨道交通系统各子系统	1. 收集资料，介绍相关城市的轨道交通企业管理模式 2. 收集资料，分组讨论，介绍轨道交通各子系统	8	教师下达任务，学生课前自由收集资料；课上讨论分析，并分组完成调查报告	视频库、案例库、模拟题库、行业信息、流程图等
2	项目二 轨道交通线网	**知识**： 掌握线网规划的方法、过程和评价 **技能**： 能够根据情况分析城市线网类型及特征，能分析线网的合理规模，能进行线网结构分析，能进行线网方案评价 **素质**： 严格遵守安全操作规程，培养认真的学习态度及解决实际问题的能力，培养严谨的工作态度	1. 分析线网类型 2. 分析线网的合理规模 3. 线网结构分析及评价	1. 收集资料，介绍各城市的线网基本形态 2. 收集城市线网资料，分析线网规模的合理性 3. 收集城市线网资料，分析线网结构，并做出评价	10	教师下达任务，学生课前自由收集资料；课上讨论分析或实训室实训，并完成PPT汇报或实训报告	

续上表

序号	工作项目	能力要求	任务	教学活动设计	参考学时	教学组织方法及形式	教学资源
3	项目三 车站设置与布局	**知识：** 掌握车站的建筑空间层次与布局，掌握车站结构，熟悉乘客使用空间及其换乘方式 **技能：** 能根据情况进行车站设施设备布局，能分析换乘站的换乘方式及枢纽站的空间布局 **素质：** 培养认真的学习态度和严谨的工作态度，培养学生团队合作的精神	1. 分析车站结构，分析车站设施设备布局 2. 客流爆满事件组织 3. 突发客流组织	1. 观看车站视频，分析车站结构及布局，并总结不同布局及结构的车站客运组织工作特点 2. 以案例为载体，情景演练客流爆满时的客运组织工作 3. 以案例为载体，情景演练突发事件时的客运组织工作	10	教师下达任务，学生课前自由收集资料；课上讨论分析或实训室实训，并完成PPT汇报或实训报告	视频库、案例库、模拟题库、行业信息、流程图等
4	项目四 配线设计	**知识：** 了解车站的各类配线；熟悉配线在行车组织中的设计与功用 **技能：** 能分辨不同的配线及其功能；能根据情况分析车站的配线设计 **素质：** 培养认真的学习态度和严谨的工作态度，培养学生团队合作的精神	1. 车站岗位认知 2. 分析车站岗位工作	1. 查阅相关资料，介绍车站各岗位 2. 讨论车站工作中可能会遇到的各种问题，分析如何处理，总结各岗位的工作职责	2	教师下达任务，学生课前自由收集资料；课上讨论分析或实训室实训，并完成PPT汇报或实训报告	
合计					30		

(3)在教学过程中,重视轨道交通运输发展趋势,贴近企业现场,采取工学交替的教学模式,着眼于学生职业生涯的发展,致力于培养学生综合职业能力,积极引导学生提升自身职业素养和职业道德水平。

(三)教学考核评价建议

教学考核主要包括平时成绩、期中考核、期末考核三部分。平时成绩根据学生日常表现情况进行考评;期中考核成绩根据完成的项目情况进行打分;期末考评主要考核学生对本门课程的综合掌握情况。

(四)课程资源的开发与利用

(1)加强常用课程资源的开发,建立多媒体课程资源的数据库,努力实现跨学校多媒体资源的共享,以提高资源利用效率。

(2)实现课程资源网络化,充分利用诸如电子书籍、电子期刊、数据库、数字图书馆、教育网站和电子论坛等网络信息资源,使教学媒体从单一媒体向多种媒体转变;使教学活动从信息的单向传递向双向交互转变;使学生从单独的学习向合作学习转变。

(3)联合合作企业,加强校内、校外实训基地建设,共同开发实训课程资源,同时促进学生就业。充分利用实训室,以满足校内技能训练需要和考核需要,满足高职学生综合职业能力培养的需求。

(五)其他说明

本课程标准适用于新疆交通职业技术学院城市轨道交通运营管理专业。

课程15　城市公共交通运营管理

课程名称:城市公共交通运营管理
课程性质:专业拓展课
建议学时: 72学时
适用专业:城市轨道交通运营管理

一、前言

(一)课程定位

本课程通过项目实施与任务驱动的方式,向学生传授城市公共交通运输管理的基本知识及交通运输管理的组织方法、流程和步骤,使学生掌握城市公共交通运输的基本理论和操作方法,并通过项目的实训操作使学生掌握城市公共交通运营管理流程中的客流量调查、统计、线路规划等各种实际操作技能。本课程以实例为引导、以实训为手段、以实际技能为目的,同时培养学生的团队合作、沟通交际、开拓创新及职业道德等综合素质和职业素养,以培养公共交通运营管理基层和业务第一线的技术应用型人才。

(二)教学设计思路

本课程主要是为学生进入城市公共交通运营公司各工作岗位从事具体业务操作与基层管理工作打基础,所以把"交通运输管理的组织方法、流程和步骤是什么,员工怎样操作"作为选取教学内容的依据,具体包括业务岗位工作任务、运营管理所需要的知识、能力、素质要求,并根据城市公共交通运营公司的需求,采用宽基础、活模块的理念进行构建,教学内容具有典型性、覆盖性、拓展性及从简到繁的特点,通过理实一体化的教学模式,实践教学与理论教学相辅相成,使学生能够更好地掌握完成各项工作所需的理论知识与操作技能。这样的设计符合高职学生的认知规律,为学生的可持续发展奠定良好基础。

二、课程目标(表4-4)

课程目标　　表4-4

认知目标	能力目标	素质目标
1.通过学习,学生能熟练描述城市公共交通运营管理中的业务及业务流程,理解相关的概念及意义 2.掌握公共交通运营管理中的程序及技巧,并将它们应用于实际业务当中	1.通过任务驱动型项目教学活动,使学生掌握交通运营管理的基础知识和基本业务操作方法,初步形成一定的学习能力和课程实践能力 2.通过项目的实施使学生具备分析问题和解决问题的自我学习能力	1.树立良好的服务意识 2.树立安全操作责任意识,培养遇到紧急情况时妥善处理问题的素养 3.具备资讯、计划、决策、实施、检查、评价的基本做事方法能力 4.对新技术、新设备、新规章的自学能力 5.合作、沟通、评价、塑造自我形象的能力

三、课程内容与要求(表4-5)

城市公共交通运营管理课程内容与要求

表4-5

序号	学习情境	能力要求	工作过程	教学过程	参考学时	教学资源
1	公共出租汽车运营管理	**知识**： 了解城市公共出租汽车系统的构成，掌握公共出租汽车系统的各子系统构成，了解公共出租汽车系统安全管理、服务信访管理以及事故处理 **技能**： 能够进行随车客流调查，用调查的数据进行分析汇总，编制行车作业计划、行车调度与控制 **素质**： 具备团队合作、随机应变、临危不惧、法制意识能力，培养一丝不苟的工作作风，养成按规程操作的工作规范	1. 需求分析任务 2. 公交线网设计与场站规划任务 3. 运行管理(计划与组织) 4. 调度管理(调度与安全) 5. 总体评价	1. 资讯 (1)布置任务；(2)知识准备：出租车运营管理基本知识 2. 决策 学生分组按照教师布置的任务，通过教学资源、网络等多种渠道进行讨论与分析；需求分析任务、公交线网设计与场站规划任务、运行管理(计划与组织)、调度管理(调度与安全)、总体评价 3. 计划 制订学习计划及公共出租车运营管理方案，确定组员分工，确定组员角色，按照基本要求，确定情境内容 4. 实施 (1)基本知识及工作内容知识准备；(2)制订学习计划；(3)组员分工，制订日常客运组织方案；(4)确定组员角色，确定情境演练内容；(5)分组准备方案汇报 5. 检查 提交方案、PPT汇报或者情景演练 6. 评价 随机抽取小组汇报工作过程，或者分组上交相关文件资料，小组互查，教师评价	18	视频库、案例库、行业信息、流程图等
2	公共汽电车运营管理	**知识**： 了解城市公共汽电车的发展概况，能进行相应的环境分析，了解各种调查的方法，了解城市总体规划分析的思路 **技能**： 能够运用随车客流调查法进行客流调查与预测，对现有公交线路进行评价 **素质**： 具备团队合作、随机应变、临危不惧、法制意识能力，培养一丝不苟的工作作风，养成按规程操作的工作规范	1. 需求分析任务 2. 公交线网设计与场站规划任务 3. 运行管理(计划与组织) 4. 调度管理(调度与安全) 5. 总体评价	1. 资讯 (1)布置任务；(2)知识准备：公共汽电车运营管理基本知识 2. 决策 学生分组按照教师布置的任务，通过教学资源、网络等多种渠道进行讨论与分析；需求分析任务、公交线网设计与场站规划任务、运行管理(计划与组织)、调度管理(调度与安全)、总体评价 3. 计划 制订学习计划及公共汽电车运营管理方案，确定组员分工，确定组员角色，按照基本要求，确定情境内容 4. 实施 (1)基本知识及工作内容知识准备；(2)制订学习计划；(3)组员分工，制订日常客运组织方案；(4)确定组员角色，确定情境演练内容；(5)分组准备方案汇报 5. 检查 提交方案、PPT汇报或者情景演练 6. 评价 随机抽取小组汇报工作过程，或者分组上交相关文件资料，小组互查，教师评价	20	视频库、案例库、行业信息、流程图等

续上表

序号	学习情境	能力要求	工作过程	教学过程	参考学时	教学资源
3	城市轨道交通运营管理	**知识：** 了解城市轨道交通的发展概况，能进行相应的环境分析，了解各种调查的方法，了解城市轨道交通线路分析的思路 **技能：** 能够运用客流调查法进行客流调查与预测，对现有轨道交通线路进行评价 **素质：** 严格遵守安全操作规程，培养认真的学习态度及解决实际问题的能力，培养严谨的工作态度	1. 需求分析任务 2. 公交线网设计与场站规划任务 3. 运行管理（计划与组织） 4. 调度管理（调度与安全） 5. 总体评价	1. 资讯 （1）布置任务；（2）知识准备：城市轨道交通运营管理基本知识 2. 决策 学生分组按照教师布置的任务，通过教学资源、网络等多种渠道进行讨论与分析；需求分析任务、城市轨道交通线网设计与场站规划任务、运行管理（计划与组织）、调度管理（调度与安全）、总体评价 3. 计划 制订学习计划及城市轨道交通运营管理方案；确定组员分工，确定组员角色，按照基本要求，确定情境内容 4. 实施 （1）基本知识及工作内容知识准备；（2）制订学习计划；（3）组员分工，制订日常客运组织方案；（4）确定组员角色，确定情境演练内容；（5）分组准备方案汇报 5. 检查 提交方案、PPT 汇报或者情景演练 6. 评价 随机抽取小组汇报工作过程，或者分组上交相关文件资料，小组互查，教师评价	18	视频库、案例库、行业信息、流程图等
4	智能交通运营管理	**知识：** 了解智能交通的发展概况，能进行相应的环境分析，了解各种调查的方法，了解智能交通线路分析的思路 **技能：** 能够运用客流调查法进行客流调查与预测，对现有智能交通线路进行评价 **素质：** 严格遵守安全操作规程，培养认真的学习态度及解决实际问题的能力，培养严谨的工作态度	1. 需求分析任务 2. 公交线网设计与场站规划任务 3. 运行管理（计划与组织） 4. 调度管理（调度与安全） 5. 总体评价	1. 资讯 （1）布置任务；（2）知识准备：智能交通运营管理基本知识 2. 决策 学生分组按照教师布置的任务，通过教学资源、网络等多种渠道进行讨论与分析；需求分析任务、城市轨道交通线网设计与场站规划任务、运行管理（计划与组织）、调度管理（调度与安全）、总体评价 3. 计划 制订学习计划及智能交通运营管理方案，确定组员分工，确定组员角色，按照基本要求，确定情境内容 4. 实施 （1）基本知识及工作内容知识准备；（2）制订学习计划；（3）组员分工，制订日常客运组织方案；（4）确定组员角色，确定情境演练内容；（5）分组准备方案汇报 5. 检查 提交方案、PPT 汇报或者情景演练	16	视频库、案例库、行业信息、流程图等
合计					72	

四、实施建议

(一)教材选用和编写建议

1. 教材选用

上海交通大学出版社出版,裘瑜、吴霖生主编的《城市公共交通运营管理实务》,2011 年出版。

2. 教材编写原则与要求

依据本课程教学目标的要求,应打破传统的学科教材模式,校企联合,以本课程标准为依据编写适合工学结合的教材。

3. 教学参考资料使用建议

(1)宋文官主编,《运输管理实务》,高等教育出版社,2010 年出版。

(2)杨国荣主编,《运输管理实务》,北京理工大学出版社,2010 年出版。

(3)刘小卉主编,《运输管理学》,复旦大学出版社,2009 年出版。

(4)李旭宏等主编,《运输工程》,东南大学出版社,2008 年出版。

(5)季永青、李佑珍主编,《运输管理实务》,高等教育出版社,2008 年出版。

(二)教学建议

(1)本课程打破传统的学科教材模式,与实际操作相结合,以本课程标准为依据选用工学结合的教材。

(2)在本课程教学过程中,应立足于加强学生实际动手能力的培养,采用项目教学,结合情景模拟、案例分析、分组讨论等多种方式提高学生学习兴趣。

(3)本课程授课教师应具有双师型素质,要具备一定的基础理论知识和较扎实的专业理论功底,还必须具备较熟练的操作技能和实践技能。

(4)积极开发和利用网络课程资源,建立开放式实验实训中心,将教学与实训合一,满足高职学生综合职业能力培养的需求。

(三)教学考核评价建议

本课程采用理论考试与实训考核、形成性评价与终结性评价相结合的方式,既关注结果,又关注过程,使对学习过程和对学习结果的评价达到和谐统一。总评成绩组成见表 4-6。

总评成绩组成 表 4-6

序号	项　　目	分 解 项 目
1	平时成绩	课堂表现、出勤、回答问题、创新、合作等综合
		平时作业
2	实训成绩	实训操作
		实训报告
		操作测试
3	理论成绩	期中考试
		期末考试

（四）课程资源的开发与利用

根据教学需要，将进行试卷库、习题库、案例库和图片库建设，必要时在课程学习中提供相关网站的信息与资料。

（五）其他说明

本课程十分注重教师的教学引导和学生的课外拓展。由于课时限制，把大部分技能训练内容都展开到课外进行，需要精心策划以及学生的配合，希望通过各种能力训练提高学生的自学能力、社交能力和团队合作能力，更为重要的是，培养学生的专业知识应用能力。

在本课程教学过程中需根据项目设置要求组织学生以小组形式进行观察、调查、分析，并对观察结果利用所学知识进行分析，或者布置相关课题，组织学生课后进行讨论分析。每个能力训练项目结束后，要求学生把项目作业报告或小组讨论稿作为项目实施成果上交，并以此作为项目考核的依据，由此，教师需要花费大量的时间和精力来处理学生的项目作业报告。

课程 16　交通政策法规

课程名称：交通政策法规
课程性质：专业拓展课
建议学时：36 学时
适用专业：城市轨道交通运营管理

一、前言

本课程是城市轨道交通运营管理专业的一门专业拓展课程，是该专业的必修课。通过本课程的学习，使学生具备运用相关政策和法律知识解决城市轨道交通运营过程中实际问题的能力，包括：能签订交通运输合同，能预防和处理各类常规事故及投诉，能协助运营企业办理相关证照，能维护运营企业与旅客的权益，能够正确进行各种法律、制度的宣讲。

（一）课程定位

本课程是一门实用性较强的三年制高职城市轨道交通运营管理专业的专业必修课程。该课程以讲授的交通运输法规基本理论和基本制度为核心内容，讲求理论性和应用性的结合，既注重理论知识的系统性、全面性，又注重交通政策与法规等具体制度、政策、法规、法律及其实际应用的讲解，使学生系统地、准确地理解和掌握交通政策与法规的基本原理、具体法律制度及其相应的规范，并能够在实践中灵活地运用，能够较为准确地分析和处理各种交通运营管理实务问题。

（二）教学设计思路

本课程采用以理论教学和案例分析相结合的教学方式为主，根据学生认知特点和课程内容结构体系，由抽象到具体将全部教学内容分为 4 个模块，讲授过程中注重把知识传授与实际个案分析相结合，着重于学生应用能力的培养。

二、课程目标

通过对交通政策与法规理论及其实际应用的学习，使学生系统掌握交通政策与法规的基本概念、基本制度、基本原则，培养学生运用交通政策与法规理论和知识以及有关法律、法规分析和解决交通运营管理中的实际问题的能力；使学生系统地、准确地理解和掌握交通政策与法规的基本原理、具体法律制度及其相应的规范，并能够在实践中灵活地运用其分析和处理各种实务问题；同时引导学生树立诚实信用、公平正义的理念，以推进我国社会主义法治建设的步伐。

（一）知识目标

（1）了解交通运输法及其发展，熟悉交通运输法律行为、关系和体系。

（2）熟悉铁路建设、铁路运输安全方面涉及的法律政策，掌握铁路运输合同的法律知识。

（3）熟悉公路建设涉及的法律政策，掌握公路运输、道路运输交通安全相关的法律政策。

（4）熟悉机场建设、民用航空安全涉及的法律政策，掌握航空运输相关的法律政策。

（5）熟悉水上运输管理体制，掌握旅客运输、货物运输的相关法律政策。

（6）了解保险合同的法律规定。

（二）技能目标

（1）能够掌握交通政策与法规基本概念、理论体系及其研究对象。

（2）能够掌握交通政策与法规的主要法条、立法基础和适用条件。

（3）掌握交通政策与法规的基本原理、具体制度和应用规则。

（4）能够运用交通政策与法规基础理论分析和识别不同的法律关系类型。

（5）能够根据不同类型的违法表现分析其形成原因并提出相应的处理方案和措施。

（三）素质目标

（1）培养学生树立法治理念。

（2）树立社会主义理想信念，自觉维护法律权威。

（3）自觉遵守和履行义务，养成遵纪守法的习惯。

（4）锻炼实事求是、尊重法律和开拓创新的意志品质和过硬本领。

三、课程内容与要求（表4-7）

四、实施建议

（一）教材选用和编写建议

1. 教材选用

教材选用北京交通大学出版社出版、李宝文主编的《交通政策法规》（高等教育城市轨道交通系列教材）。

2. 教学参考资料使用建议

（1）《运输经营法律指导》，中国法制出版社，2008年出版。

（2）《常用交通运输法律法规》，人民法院出版社，2001年出版。

（3）孟于群主编，《国际海上货物运输法律与实务》，中国对外经济贸易出版社，2007年出版。

（4）《铁路货物运输法律知识读本》，人民交通出版社，2002年出版。

（5）《最新道路交通运输法律法规与道路交通运输行业管理规范及突发事件应急处理国家强制性条文》，人民交通出版社，2007年出版。

（6）崔祥建等，《民航法律法规与实务》，旅游教育出版社，2007年出版。

建议任课教师在 http://www.ccmetro.com/law/等行业相关网站获取关于城市轨道交通政策法规的最新资讯。

交通政策法规课程内容与要求

表 4-7

<table>
<tr><th>序号</th><th>工作项目</th><th>能力要求</th><th>任务</th><th>教学过程</th><th>参考学时</th><th>教学资源</th></tr>
<tr><td rowspan="6">1</td><td rowspan="6">项目一
交通运输法基本理论</td><td rowspan="6">知识：
1. 交通法规政策的特点和内容
2. 交通法规政策的表现形式，发达国家的交通政策发展动向
3. 交通法规政策的目标和影响因素
4. 综合运输政策及其立法影响
5. 交通运输发展趋势
6. 交通运输法律行为
7. 交通运输法律关系
8. 交通运输法律体系
9. 交通运输市场管理的相关规定
10. 交通运输市场准入的相关规定
11. 交通运输市场监管的相关规定
技能：
1. 了解交通运输法及其发展
2. 了解综合运输政策及其立法影响
3. 熟悉交通运输法律行为、关系和体系
4. 掌握交通运输市场管理中相关制度
素质：
建立良好的职业道德意识，爱岗敬业，不断提高服务水平，具有良好的团队意识，提高沟通协调能力</td><td>了解相关法律法规</td><td rowspan="2">1. 交通运输政策法规概论
2. 交通运输发展历史概述</td><td rowspan="6">12</td><td rowspan="6">教材、课件、案例、习题</td></tr>
<tr><td>确定案例</td></tr>
<tr><td>讨论案例适用法律法规</td><td>1. 交通运输政策制订的基本理论
2. 交通运输经济性政策</td></tr>
<tr><td>进行案例分析</td><td>1. 交通运输管理体制
2. 交通运输可持续发展政策</td></tr>
<tr><td>教师点评</td><td>交通运输法规</td></tr>
<tr><td>完成作业</td><td>1. 我国交通运输政策的发展
2. 国外交通运输政策法规借鉴</td></tr>
<tr><td rowspan="6">2</td><td rowspan="6">项目二
铁路法</td><td rowspan="6">知识：
1. 铁路建设所涉法律政策
2. 铁路运输合同的法律知识
3. 铁路运输安全方面的法律政策
技能：
1. 了解铁路建设所涉法律政策
2. 能够运用铁路运输合同的法律知识
3. 了解铁路运输安全方面的法律政策
素质：
爱岗敬业、吃苦耐劳，不断提高服务水平，具有良好的团队意识，提高沟通协调能力</td><td>了解相关法律法规</td><td rowspan="2">运输工具所遵循的法律法规</td><td rowspan="6">6</td><td rowspan="6">教材、课件、案例、习题</td></tr>
<tr><td>确定案例</td></tr>
<tr><td>讨论案例适用法律法规</td><td rowspan="3">运营企业所遵循的法律法规</td></tr>
<tr><td>进行案例分析</td></tr>
<tr><td>教师点评</td></tr>
<tr><td>完成作业</td><td>旅客乘坐运输工具时所遵循的法律法规</td></tr>
</table>

续上表

<table>
<tr><th>序号</th><th>工作项目</th><th>能力要求</th><th>任务</th><th>教学过程</th><th>参考学时</th><th>教学资源</th></tr>
<tr><td rowspan="6">3</td><td rowspan="6">项目三
公路法</td><td rowspan="6">知识：
1. 公路建设所涉法律政策
2. 公路运输相关的法律政策
3. 道路交通安全的法律政策
技能：
1. 了解公路建设所涉法律政策
2. 掌握公路运输相关的法律政策
3. 掌握道路运输交通安全的法律政策
素质：
建立良好的职业道德意识，爱岗敬业，不断提高服务水平，具有良好的团队意识，提高沟通协调能力</td><td>了解相关法律法规</td><td rowspan="2">运输工具所遵循的法律法规</td><td rowspan="6">6</td><td rowspan="6">教材、课件、案例、习题</td></tr>
<tr><td>确定案例</td></tr>
<tr><td>讨论案例适用法律法规</td><td rowspan="2">运营企业所遵循的法律法规</td></tr>
<tr><td>进行案例分析</td></tr>
<tr><td>教师点评</td><td rowspan="2">旅客乘坐运输工具是所遵循的法律法规</td></tr>
<tr><td>完成作业</td></tr>
<tr><td rowspan="6">4</td><td rowspan="6">项目四
民用航空法</td><td rowspan="6">知识：
1. 民用航空法概述
2. 机场建设所涉法律政策
3. 航空运输相关的法律政策
4. 民用航空安全相关法律政策
技能：
1. 了解机场建设所涉法律政策
2. 掌握航空运输相关的法律政策
3. 了解民用航空安全相关法律政策
素质：
建立良好的职业道德意识，爱岗敬业，不断提高服务水平，具有良好的团队意识，提高沟通协调能力</td><td>了解相关法律法规</td><td rowspan="2">运输工具所遵循的法律法规</td><td rowspan="6">6</td><td rowspan="6">教材、课件、案例、习题</td></tr>
<tr><td>确定案例</td></tr>
<tr><td>讨论案例适用法律法规</td><td rowspan="2">运营企业所遵循的法律法规</td></tr>
<tr><td>进行案例分析</td></tr>
<tr><td>教师点评</td><td rowspan="2">旅客乘坐运输工具时所遵循的法律法规</td></tr>
<tr><td>完成作业</td></tr>
</table>

续上表

序号	工作项目	能力要求	任务	教学过程	参考学时	教学资源
5	项目五 水上运输法	**知识：** 1. 水上运输管理体制 2. 旅客运输的相关法律政策 3. 货物运输的相关法律政策 4. 保险合同的法律规定 **技能：** 1. 了解水上运输管理体制 2. 能够运用旅客运输的相关法律政策 3. 掌握货物运输的相关法律政策 4. 了解保险合同的法律规定 **素质：** 建立良好的职业道德意识，爱岗敬业，不断提高服务水平，具有良好的团队意识，提高沟通协调能力	了解相关法律法规	运输工具所遵循的法律法规	6	教材、课件、案例、习题教材、课件、案例、习题
			确定案例			
			讨论案例适用法律法规	运营企业所遵循的法律法规		
			进行案例分析			
			教师点评	旅客乘坐运输工具时所遵循的法律法规		
			完成作业			
合计					36	

（二）教学建议

（1）全部教学活动在多媒体教室进行，主要教学条件为多媒体教学基础设施及相应教学光盘、软件、视频等。

（2）理论教学与案例分析及情景模拟相结合。

（3）以任务为导向的真实案例解析为基本方法。

（三）教学考核评价建议

（1）改革考核手段和方法，加强实践性教学环节的考核和物流机械系统分析能力的考核，可采用过程考核和结果考核相结合的考核方法。

（2）由学校主讲老师和企业兼职老师结合考勤情况、学习态度、学生作业、平时测验、实验实训、顶岗实习情况及考核情况，综合评定学生成绩。

（3）应注重对学生在实践中分析问题、解决问题能力的考核，对在学习和应用上有创新的学生给予特别鼓励，综合评价学生的能力。

具体考核标准如表4-8所示。

具体考核标准 表4-8

考核项目		考核标准	考核方法	评分比例（%）
过程考核	学习态度	态度认真、积极探索	课内外表现	10
	上课考勤	严格遵守课堂纪律	点名记录	10
	作业完成	按质按量地完成作业	书面批改	10
结果考核	综合实训	填写实验报告册	书面批改	20
	期末考试	按计分标准	书面批改	50
合计				100

（四）课程资源的开发与利用

积极开发和合理利用课程资源是交通政策法规课程实施的重要组成部分。本课程资源主要包括与专业相适应的教材、相关案例和网络资源、学院图书馆有关藏书、多媒体课件、习题集、律师事务所等实习实训基地。

（1）注重实验实训指导书和实验实训标准的开发和应用。

（2）常用课程资源的开发，利用图片、视频、多媒体软件、电子教案等，充分利用这些资源创设形象生动的工作情境，激发学生的学习兴趣，促进学生对知识的理解和掌握。建议加强常用课程资源的开发，建立多媒体课程资源的数据库，努力实现跨学校多媒体资源的共享，以提高资源利用效率。

（3）积极开发和利用网络课程资源。充分利用诸如电子书籍、电子期刊、数据库、数字图书馆、教育网站和电子论坛等网络信息资源，使教学媒体从单一媒体向多种媒体转变；使教学活动从信息的单向传递向双向交互转变；使学生从单独的学习向合作学习转变。

（4）校企合作开发实验实训课程资源。充分利用本行业典型企业的资源，加强校企合作建立校内、校外实训基地，满足学生的实习实训需求，在此过程中进行实验实训课程资源的开发，同时为学生提供就业机会，开创就业渠道。

（五）其他说明

在教学中，教师应逐步扩展交通政策法规知识的内容和范围。在起始阶段应激发学生学习交通政策法规的兴趣。在交通政策法规学习的较高阶段，要帮助学生拓展视野，使他们提高运用交通政策法规分析解决问题的能力，进而提高课程知识的理解和掌握。

课程 17　铁路运输组织

课程名称:铁路运输组织

课程性质:专业拓展课

建议学时: 60 学时

适用专业:城市轨道交通运营管理

一、前言

(一)课程定位

铁路运输组织是城市轨道交通运营管理专业的一门专业拓展课程,主要内容是根据铁路的特点,进行市场预测、铁路客流组织、高速铁路的调度指挥等。本课程设置的目的是通过学习与实践,培养学生具备高速铁路运输组织的基本理论和基本知识,对日后从事相关管理工作有着重要的作用。

本课程设计以职业需要为导向,通过本课程的学习与实践,培养学生高速铁路运输组织的运用能力,使学生养成良好的职业道德素养及可持续发展能力,并培养学生团队合作精神、竞争意识及创新能力,使学生具备相关岗位的核心技能。本课程的先修课程有轨道交通运营安全、城市轨道交通客运组织等。

(二)教学设计思路

本课程标准的设计以职业需要为导向,在专业人才需求调研和专业建设改革的基础上,邀请交通行业的专家学者与企业技术人员等对城市轨道交通工作岗位的任务和职业能力进行分析分解,以应用为目的,以必需、够用为度,确定本课程的教学内容和实践项目;结合高职学生学习规律,将课程内容分解成若干教学活动,通过校外调研、参观与校内实训相结合的教学模式,培养学生掌握高速铁路运输组织能力,提高学生综合职业能力和可持续发展能力。

二、课程目标

(一)知识目标

(1)客流的要素组成、旅客列车的分类、高速铁路组织机构。

(2)客流调查、旅客运输计划的分类和内容。

(3)车辆性能、运行参数、紧急疏散设备操作。

(4)车站的作用和分类、铁路车站等级、客运站接发列车的基本程序。

(5)客运站设备组成、客运站工作组织、客运站的流线管理、旅客和行包运输工作。

(6)旅客运输的技术作业、客运站行车工作计划、技术作业过程与列车运行图的配合。

(二)能力目标

(1)掌握高速铁路的市场预测方法。

(2)掌握旅客列车方案的设置方法,能够进行跨线客流输送方式的选择。

(3)熟悉高速铁路列车运行图的特点,运输图基本要素的确定,能够进行综合维修天窗的设置,列车运行图的编制。

(4)能够分析高速铁路的区间通过能力,掌握高速铁路区间通过能力的特点以及计算方法。

(5)根据高速铁路调度指挥的特点、机构设置、运行调整原则,能够进行高速铁路的调度指挥。

(三)素质目标

(1)严格遵守规章,进行行车、客运、票务等作业,适应轨道交通运输企业纪律要求。

(2)乐于助人的优良服务素养。

(3)对高速铁路运输组织有责任意识,具备一定的调度指挥能力。

(4)自学能力,合作、沟通、评价、塑造自我形象的方法能力。

(5)在掌握站台和旅客运输等知识的基础上,具备轨道交通运输岗位运用创新能力。

三、课程内容与要求(表4-9)

四、实施建议

(一)教材选用和编写建议

1.教材选用

建议选用中国铁道出版社出版、胡思继、刘建国主编的《高速铁路运输组织》。

2.教材编写原则与要求

(1)作为高职教材,编写时要注意以能力为本位,以岗位技能为目标,从基本认知到操作再到管理决策,逐级递进,彻底打破原有的课程内容框架。有明确的教学目标,重点解决教学中的难点、重点,并注意教材的思想性、启发性和适用性。

(2)编写教材应理论联系实际,注意培养学生分析问题和解决问题的能力。通过对有关问题或有关领域的延展思考,启迪学生的遐想空间。为了培养学生具有良好职业道德、具有一定理论知识、具有较强操作和管理实践能力、具有可持续发展能力、为企业所欢迎的高技能应用型高速铁路运营管理人才,校企联合编写适合工学结合的教材。教材编写以校企合作、工学结合培养高技能人才的要求为目标,提高课程内容的应用性和针对性。

(3)教材内容坚持以学生为本、为教学服务,注意内容的前沿性及实战性。教材内容应以多种形式呈现(如图、文、表等),提高学生的学习兴趣,加深学生对高速铁路运输组织知识的理解与掌握。

(4)编写教材必须遵循大纲要求,注意总结教学经验,体现循序渐进的原则,要注意由浅入深、由易到难,对于教材中的关键点、难点、重点,尤其要阐述透彻。

3.教材、教学参考资料使用建议

教材建议选用近三年出版的高职高专规划教材,也可以选择相应的辅助实训教材。

铁路运输组织课程内容与要求

表 4-9

序号	学习情境	能力要求	工作过程	教学过程	参考学时	教学资源
1	日常客流组织	**知识：** 了解铁路运输与常规地面交通的特点；熟悉车站的组成，车站设备及其子系统，导乘设施；熟悉客运服务的基本礼仪；掌握站务员的工作内容 **技能：** 能区分铁路运输与常规地面交通；能分辨车站的不同组成部分并说出其功能；能识别常见的车站设备及设施；能根据站务员的日常工作内容及乘客进出站流程进行简单的客运组织 **素质：** 培养认真的学习态度和严谨的工作态度，培养学生团队合作的精神	1. 进出车站 2. 进出闸机 3. 站台候车 4. 列车乘降 5. 线路换乘	1. 资讯 （1）布置任务；（2）知识准备。公共交通基本知识；车站构造及设施；车站客流流线；站务员岗位职责及作业流程；客运服务基本礼仪；检票及乘降组织工作 2. 决策 学生分组按照教师布置的任务，通过教学资源、网络等多种渠道进行讨论与分析。 （1）铁路运输与常规地面交通；（2）车站的组成；（3）车站设备及其子系统，导乘设施；（4）站务员的工作内容；（5）客运服务的基本礼仪 3. 计划 制订学习计划及日常客运组织方案，确定组员分工，确定组员角色，按照基本要求，确定情境内容 4. 实施 （1）基本知识及工作内容知识准备；（2）制订学习计划；（3）组员分工，制订日常客运组织方案；（4）确定组员角色，确定情境演练内容；（5）分组准备方案汇报 5. 检查 提交方案、PPT 汇报或者情景演练 6. 评价 随机抽取小组汇报工作过程，或者分组上交相关文件资料，小组互查，教师评价	26	视频库、案例库、模拟题库、行业信息、流程图等

续上表

序号	学习情境	能力要求	工作过程	教学过程	参考学时	教学资源
2	特殊乘客客流组织	**知识:** 熟悉常见的无障碍设施;掌握特殊乘客客流组织的方式方法 **技能:** 能说出常见无障碍设施及其功能;能针对不同乘客选择合适的方法提供客流组织服务 **素质:** 培养认真的学习态度和严谨的工作态度,培养学生团队合作的精神	1. 进出车站 2. 进出闸机 3. 站台候车 4. 列车乘降 5. 线路换乘	1. 资讯 (1)布置任务;(2)知识准备。无障碍设施;客运服务技巧 2. 决策 学生分组按照教师布置的任务,通过教学资源、网络等多种渠道进行讨论与分析 (1)常见的无障碍设施及其功能;(2)在客运服务过程中可能会遇到的特殊乘客,应如何做好服务 3. 计划 制订学习计划及确定特殊乘客客流组织方案,确定组员分工,确定组员角色,按照基本要求,确定情境内容 4. 实施 (1)基本知识及工作内容知识准备;(2)制订学习计划;(3)组员分工,制订特殊乘客客流组织方案;(4)确定组员角色,确定情境演练内容;(5)分组准备方案汇报 5. 检查 提交方案、PPT 汇报或者情景演练 6. 评价 随机抽取小组汇报工作过程,或者分组上交相关文件资料,小组互查,教师评价	16	视频库、案例库、模拟题库、行业信息、流程图等

续上表

序号	学习情境	能力要求	工作过程	教学过程	参考学时	教学资源
3	突发事件客流组织	**知识：** 熟悉车站可能会出现的突发事件；掌握突发事件的应急处理；掌握安全快速疏散乘客的方式方法 **技能：** 学会火灾、停电突发事件的应急处理方法，学会快速安全疏散乘客 **素质：** 培养认真的学习态度和严谨的工作态度，培养学生团队合作的精神	1. 紧急疏散 2. 应急处理	1. 资讯 （1）布置任务；（2）知识准备。什么是突发事件，出现突发事件时应如何进行客流组织 2. 决策 学生分组按照教师布置的任务，通过教学资源、网络等多种渠道进行讨论与分析 （1）可能出现的突发事件；（2）应如果做好应急处理，如何快速安全疏散乘客 3. 计划 制订学习计划及确定突发事件时客流组织特点，确定组员分工，确定组员角色，按照基本要求，确定情境内容 4. 实施 （1）基本知识及工作内容知识准备；（2）制订学习计划；（3）组员分工，确定突发事件时客流组织特点；（4）确定组员角色，确定情境演练内容；（5）分组准备方案汇报 5. 检查 提交方案、PPT 汇报或者情景演练 6. 评价 随机抽取小组汇报工作过程，或者分组上交相关文件资料，小组互查，教师评价	18	视频库、案例库、模拟题库、行业信息、流程图等
合计					60	

（二）教学建议

（1）重视学生在校学习与实际工作的一致性，有针对性地采取工学交替、任务驱动、项目导向、课堂与实习地点一体化等行动导向的教学模式。

（2）根据课程内容和学生特点，灵活运用案例分析、分组讨论、角色扮演、启发引导教学方法，引导学生积极思考、乐于实践，提高教学效果。

（3）在教学过程中，重视高速铁路运输组织的发展趋势，贴近企业现场，采取工学交替的教学模式，着眼于学生职业生涯的发展，致力于培养学生综合职业能力，积极引导学生提升自身职业素养和职业道德水平。

（三）教学考核评价建议

1.考核形式及相关内容

（1）平时成绩为日常考勤和学生的学习态度。

（2）实训成绩评定如下。

①针对每个实训项目，要求学生动手制作的，或是动手操作的，根据学生交的作品或具体表现来评分。

②综合实训项目，考察阶段性的总结和能力的综合应用。

（3）理论作业成绩以作业的形式表现，反映学生对知识的掌握情况。

（四）课程资源的开发与利用

（1）加强常用课程资源的开发，建立多媒体课程资源的数据库，努力实现跨学校多媒体资源的共享，以提高资源利用效率。

（2）实现课程资源网络化，充分利用诸如电子书籍、电子期刊、数据库、数字图书馆、教育网站和电子论坛等网络信息资源，使教学媒体从单一媒体向多种媒体转变；使教学活动从信息的单向传递向双向交互转变；使学生从单独的学习向合作学习转变。

（3）联合合作企业，加强校内、校外实训基地建设，共同开发实训课程资源，同时促进学生就业。充分利用城轨实训室，以满足校内技能训练需要和考核需要，满足高职学生综合职业能力培养的需求。

（五）其他说明

本课程标准适用于新疆交通职业技术学院城市轨道交通运营管理专业。

课程 18　城市轨道交通专业英语

课程名称:城市轨道交通专业英语

课程性质:专业拓展课

建议学时: 60 学时

适用专业:城市轨道交通运营管理

一、前言

(一)课程定位

城市轨道交通专业英语是高职城市轨道交通运营管理专业的一门专业拓展课程,培养学生用英语进行城市轨道交通行业业务处理的职业能力,达到本专业学生应获得的站务员职业资格证书的基本要求,为将来加入城市轨道交通行业做好外语技能的准备,具有很强的综合性和实践性。

(二)教学设计思路

城市轨道交通专业英语课程秉承"让学生通过工作来实现学习"的原则,立足岗位需求,本着学以致用的理念,以工作过程为导向,寻求不同的载体,设置各种各样的工作任务,以任务驱动教学法引领学生的学习。结合学生的认知心理规律、自我构建的能力以及工作任务的复杂综合程度,构建不同的任务情境,以学生为主体,发挥学生的多元智能,通过团队协作,实战演练,在做中学,并体味成功的快乐。同时,在教学组织过程中,让学生在循序渐进完成工作任务的过程中掌握知识,又掌握学习和工作的方法和态度,并提高与人沟通、合作的能力。最终,培养学生在不同工作岗位上用英语进行业务处理的职业技能和职业素质。

二、课程目标

本课程遵循以行业需求为导向,以能力培养为目标,以学生为中心的原则,教授涉及站台服务各个方面的工作内容。学生就业主要面向城市轨道交通公司(包括地铁、轻轨、城际铁路),初始岗位是站务员、调车员,发展岗位群是客运值班员、行车值班员、值班站长、站长、调车长、车场调度员和行车调度员。因此,本课程旨在培养学生英语听说的综合能力,如乘车引导、乘客纠纷处理、乘客票务事务及纠纷处理、自动售票机和自动检票机的使用等,让学生能全方位胜任城市轨道交通运营管理专业的英语职务。通过本课程的学习,提高学生客运服务能力,培养服务意识;使学生养成良好的职业道德素养及可持续发展能力,并培养学生团队合作精神、竞争意识及创新能力。

（一）知识目标

掌握城轨行业工作必备的英语语言知识和专业知识；掌握城轨英语相关词汇及句型；掌握站台各种设备以及自动售票机的使用；熟悉站务员（站台岗和票务岗）的工作任务；掌握客运服务标准和技巧；熟悉涉外沟通礼仪；熟悉列车时刻表与列车各条路线；熟悉客运突发事故的处理原则与技巧。

（二）能力目标

能熟练地运用所学知识处理站务岗和票务岗等领域的工作；能够熟练运用英语引导乘客进行安检；能熟练运用英语解释列车出发、到达时间以及尾班车时间相关问题；能准确理解乘客意图，引导乘客正确使用站台各种设备；能够熟练运用英语解释自动售票机的操作步骤，引导乘客购票；能根据实际情况使用英语解释、处理票务事务及乘客纠纷；熟悉通知告示的写法，并能进行英语广播；能够具有较强的信息处理、学习创新与自我发展的能力。

（三）素质目标

能理解和掌握跨文化交际常识；能准确理解乘客意图，具有谦虚务实、合作互助的精神；具有较强的沟通协调能力；在工作中认真细致、责任心强、爱岗敬业、团结合作；具备安全意识。

三、课程内容与要求

课程内容是基于工作过程的课程教学模式，共有三个学习情境：站台服务、列车服务、监控中心。采用课内讲授、案例分析、模拟实训、企业实践相结合的教学模式，教学内容围绕基础性和前沿性进行，以培养学生创新思维和实践能力为目的，集传统教学方法及案例教育、多媒体、网络教学、企业实践等现代教育手段，理论联系实际，融知识传授、能力培养和素质教育于一体，并重视培养学生的岗位职业道德、实际动手能力、岗位适应能力、可持续发展能力，提高学生的技术应用能力和综合素质，以适应轨道交通类企业对岗位职业能力的要求。课程主要内容如表4-10所示。

四、实施建议

（一）教材选用和编写建议

1. 教材选用

本课程教材建议选用近三年出版的高职高专规划教材。

2. 教材编写原则与要求

（1）作为高职教材，编写时要注意以能力为本位，以岗位技能为目标，从基本认知到操作再到管理决策，逐级递进，彻底打破原有的课程内容框架。有明确的教学目标，重点解决教学中的难点、重点，并注意教材的思想性、启发性和适用性。

（2）编写教材应理论联系实际，注意培养学生分析问题和解决问题的能力。通过对有关问题或有关领域的延展思考，启迪学生的遐想空间。为了培养学生具有良好职业道德、具有一定理论知识、具有较强操作和管理实践能力、具有可持续发展能力、为企业所欢迎的高技能应用型仓储管理经营和操作人才，校企联合编写适合工学结合的教材，教材编写以校企合作、工学结合培养高技能人才的要求为目标，提高课程内容的应用性和针对性。

城市轨道交通专业英语课程内容与要求

表 4-10

序号	学习情境	工作项目	能力要求	任务	教学活动设计	参考学时	教学组织方法及形式	教学资源
1	站台服务	问候与介绍	**知识：** 1. 掌握基本的英文交际用语、专业词汇 2. 学习掌握新单词语音、语调的正确发音方法 **技能：** 能够运用所学词汇，与乘客进行日常交流和提供帮助 **素质：** 培养认真的学习态度和严谨的工作态度	1. 与乘客之间的基本交流 2. 相互交流的基本表达方法 3. 掌握沟通技巧	1. 用英语做简单的自我介绍 2. 学习初次见面时的礼仪 3. 讨论相互问候和介绍的常用句型 4. 学习对话，并且背诵 5. 学习小短文《自我介绍》，将短文中的关键词替换，使之变成自己的个人介绍，并背诵 6. 完成课后练习	2	1. 分组教学讨论，5 人/组 2. 模拟站台工作流程，进行分组练习 3. 师生互动交流	1. 教材 2. 教学课件 3. 教学相关视频 4. 网站 5. 教学辅助材料
2		感谢与致歉	**知识：** 1. 掌握站台服务所需基本的表达感谢与致歉的词汇、句型 2. 学习掌握新单词语音、语调的正确发音方法 3. 了解中西文化差异、服务礼仪 **技能：** 能够流利地用英语向他人表达感激与歉意 **素质：** 培养认真的学习态度和严谨的工作态度	1. 学习书本上的一组对话，并完成习题 2. 学习小短文，并完成练习 3. 用英语表达谢意及歉意（旅客与站务员、旅客之间等），模拟情景，编写对话	1. 要求学生以小组为单位，罗列出所知的表达谢意、悔意及歉意的短语及句子 2. 以拼图的方式要求学生以小组为单位，按照语境将对话进行正确的排序，理解对话内容。最后，老师讲解重点词汇、句型，并完成习题 3. 以快速阅读的方法阅读小短文，并完成练习 4. 根据所学，要求学生自由组合，模仿样例编写对话，现场展示 5. 以小组为单位进行互评，作为课堂成绩	4	1. 分组教学讨论，4 ~6 人/组 2. 分组练习，小组展示 3. 小组交流，互评 4. 师生互动交流，教师点评	1. 教材 2. 教学课件 3. 教学相关视频 4. 教学辅助材料

续上表

序号	学习情境	工作项目	能力要求	任务	教学活动设计	参考学时	教学组织方法及形式	教学资源
3	站台服务	问路与指路	**知识：** 1. 熟悉和掌握问询路线和回答指明方向路线的基本表达式 2. 学习掌握新单词语音、语调的正确发音方法 **技能：** 在站台上能够用英语进行问路与指路 **素质：** 培养认真的学习态度和基本的服务礼仪	1. 学习书本上的对话，并完成习题 2. 学习小短文，并完成练习 3. 用英语问询路线和指明路线（旅客与站务员、旅客之间等），模拟情景，编写对话	1. 要求学生以小组为单位，罗列出所知的问询路线和指明路线常用的短语及句子 2. 以拼图的方式要求学生以小组为单位，按照语境将对话进行正确的排序，理解对话内容。最后，老师讲解重点词汇、句型，并完成习题 3. 以小组竞赛的方式快速阅读小短文，并完成练习 4. 根据所学，要求学生自由组合，模仿样例编写对话，现场展示 5. 以小组为单位进行互评，作为课堂成绩	4	1. 分组教学讨论，4～6人/组 2. 分组练习，小组展示 3. 小组交流，互评 4. 师生互动交流，教师点评	1. 教材 2. 教学课件 3. 教学相关视频 4. 教学辅助材料
4		车站设备	**知识：** 熟练掌握车站各种设备的英文名称及操作流程 **技能：** 1. 能够运用所学词汇，与乘客进行日常交流和提供帮助 2. 通过对本部分内容学习，学生能够熟练地操作站台内各种设备 **素质：** 培养学生团队协作，吃苦耐劳的精神	1. 学习书本上的对话，并完成习题 2. 学习小短文，并完成练习 3. 熟悉车站各种设备的英文名称及设备操作流程	1. 要求学生说出自己曾经见过的地铁站，罗列出地铁站常见的各种设备的名称 2. 以拼图的方式要求学生以小组为单位，按照语境将对话进行正确的排序，理解对话内容。最后，老师讲解重点词汇、句型，并完成习题 3. 以小组竞赛的方式快速阅读车站各种设备的英文介绍，并完成练习 4. 观看视频资料，模拟地铁站台各种设备操作流程	4	1. 分组教学讨论，4～6人/组 2. 分组练习，小组展示 3. 小组交流，互评	1. 教材 2. 教学课件 3. 教学相关视频 4. 教学辅助材料

续上表

序号	学习情境	工作项目	能力要求	任务	教学活动设计	参考学时	教学组织方法及形式	教学资源
5	站台服务	售检票系统操作与翻译	**知识：** 1. 理解售检票系统构成 2. 掌握自动检票机、自动售票机、半自动售票机的原理及结构组成 **技能：** 1. 能正确使用和操作售检票系统设备 2. 能够操作英文版的自动检票机、自动售票机、半自动售票机的日常维护 **素质：** 严格遵守安全操作规程，培养认真的学习态度及解决实际问题的能力，培养严谨的工作态度	1. 学习 AGM 的英文介绍 2. 学习 AVM 的英文介绍 3. 学习 AFC 的英文介绍	1. 要求学生以小组为单位，以竞赛的方式，每组负责一部分内容，进行阅读短文，理解大概意思。最后，老师讲解 2. 观看视频资料，模拟地铁站台 AGM、AVM、AFC 各种设备操作流程 3. 要求学生以小组为单位，模拟各种设备的操作流程，加以巩固练习，现场展示 4. 以小组为单位进行互评，作为课堂成绩	6	1. 分组教学讨论，4~6 人/组 2. 分组练习，小组展示 3. 小组交流，互评 4. 师生互动交流，教师点评	1. 教材 2. 教学课件 3. 教学相关视频 4. 教学辅助材料
6		月台服务	**知识：** 1. 熟悉站务工作流程及站台内的各种标识牌和警示语 2. 理解站台内的广播信息 **技能：** 1. 通过对本部分内容学习，学生能够看懂站台内的各种标识牌和警示语 2. 能够听懂站台广播 **素质：** 培养学生团队协作，吃苦耐劳的精神	1. 认识各种标识牌和警示语 2. 制作地铁站英文标识牌和警示语 3. 学习书本上的对话，并完成习题 4. 学习小短文，并完成练习	1. 以回答问题的形式引入本节课程内容，答题数最多者获得奖励 2. 出示一张地铁站的平面图，要求学生找出各种标识牌和警示语，并且解释其含义 3. 要求学生以小组为单位，讨论列举更多地铁站标识牌和警示语，并创新制作警示牌和标识牌；各组相互展示成果，互评 4. 以拼图的方式要求学生以小组为单位，按照语境将对话进行正确的排序，理解对话内容。最后，老师讲解重点词汇、句型，并完成习题 5. 以快速阅读的方法阅读小短文，并完成练习	4	1. 分组教学讨论，4~6 人/组 2. 分组练习，小组展示 3. 小组交流，互评 4. 师生互动交流，教师点评	1. 教材 2. 教学课件 3. 教学相关视频 4. 教学辅助材料

续上表

序号	学习情境	工作项目	能力要求	任务	教学活动设计	参考学时	教学组织方法及形式	教学资源
7	站台服务	地铁广播	**知识：** 1. 掌握地铁站站台内的广播信息 2. 学习掌握新单词语音、语调的正确发音方法 **技能：** 1. 通过对本部分内容学习，学生能够听懂站台内的各种广播信息 2. 通过学习，学生能够广播简单的站台常规信息 **素质：** 培养良好职业道德、心理素质和管理实践能力	1. 学习书本上的对话，并完成习题 2. 学习小短文，并完成练习 3. 将各种广播信息分类	1. 要求学生以小组为单位，罗列出所知地铁广播常用的短语及句子 2. 以拼图的方式要求学生以小组为单位，按照语境将对话进行正确的排序，理解对话内容。最后，老师讲解重点词汇、句型，并完成习题 3. 播放地铁站台的常规英文广播预报，要求学生仔细听，并且将其翻译成汉语 4. 以小组竞赛的方式快速阅读小短文，并完成练习 5. 根据所学，要求学生自由组合，模仿样例编写地铁站内广播信息，现场展示 6. 以小组为单位进行互评，作为课堂成绩	4	1. 分组教学讨论，4～6人/组 2. 分组练习，小组展示 3. 小组交流，互评 4. 师生互动交流，教师点评	1. 教材 2. 教学课件 3. 教学相关视频 4. 教学辅助材料
8		安全运营	**知识：** 掌握地铁站站台内的安全警示语 **技能：** 通过对本部分内容学习，学生能够看懂地铁站台内各种安全警示标语 **素质：** 培养自我保护、安全意识	1. 学习书本上的对话，并完成习题 2. 学习小短文，并完成练习 3. 将各种广播信息分类	1. 要求学生说出自己曾经见过的地铁站，罗列出地铁站常见的各种安全警示标识牌 2. 以拼图的方式要求学生以小组为单位，按照语境将对话进行正确的排序，理解对话内容。最后，老师讲解重点词汇、句型，并完成习题 3. 以小组竞赛的方式快速阅读车站各种设备的英文介绍短文，并完成练习 4. 观看视频资料，了解各地区地铁站台的安全检查工作流程	4	1. 分组教学讨论，4～6人/组 2. 分组练习，小组展示 3. 小组交流，互评 4. 师生互动交流，教师点评	1. 教材 2. 教学课件 3. 教学相关视频 4. 教学辅助材料

续上表

序号	学习情境	工作项目	能力要求	任务	教学活动设计	参考学时	教学组织方法及形式	教学资源
9	列车服务	地铁车辆介绍	**知识：** 1. 掌握列车的构成部件英文名称及简单操作 2. 了解世界地铁车标的故事 3. 学习掌握新单词语音、语调的正确发音方法 **技能：** 1. 能够区分各地区地铁车标 2. 能够流利地用英语向他人提供帮助 3. 能够运用所学知识，处理各种突发情况（乘客/设备） **素质：** 1. 培养良好的口语表达与服务礼仪 2. 培养自我保护、安全意识	1. 认识国内各地地铁标志 2. 绘制地铁标志 3. 学习书本上的两组对话，并完成习题 4. 学习书本的两篇短文，并完成练习 5. 欣赏世界十大地铁之最	1. 要求学生以小组为单位，罗列出所知地铁标志 2. 以小组竞赛的方式学习地铁标志，优胜者奖品奖励 3. 以拼图的方式要求学生以小组为单位，按照语境将对话进行正确的排序，理解对话内容。最后，老师讲解重点词汇、句型，并完成习题 4. 以小组竞赛的方式快速阅读小短文，并完成练习 5. 根据所学，要求学生自由组合，模仿各地区地铁标志，绘制独具风格的地铁标志，并且现场展示 6. 以小组为单位进行互评，作为课堂成绩 7. 播放视频，欣赏世界十大地铁之最	6	1. 分组教学讨论，4～6人/组 2. 分组练习，小组展示 3. 小组交流，互评 4. 师生互动交流，教师点评	1. 教材 2. 教学课件 3. 教学相关视频 4. 教学辅助材料
10		列车自动运行系统（ATO）	**知识：** 1. 掌握列车自动运行系统操作及各部件英文名称 2. 学习掌握新单词语音、语调的正确发音方法 **技能：** 1. 能够了解列车自动运行系统运行原理 2. 能够流利地用英语向他人提供帮助 **素质：** 培养良好的口语表达与服务礼仪	1. 学习书本上的对话，并完成习题 2. 学习小短文，并完成练习 3. 区分 ATP 和 ATO 的操作系统	1. 要求学生以小组形式，就老师给出的问题进行讨论，引出本节课的内容 2. 以拼图的方式要求学生以小组为单位，按照语境将对话进行正确的排序，理解对话内容。最后，老师讲解重点词汇、句型，并完成习题 3. 以小组竞赛的方式快速阅读车站各种设备的英文介绍，并完成练习 4. 观看视频资料，分别了解 ATP 和 ATO 的操作区别	4	1. 分组教学讨论，4～6人/组 2. 分组练习，小组展示 3. 小组交流，互评 4. 师生互动交流，教师点评	1. 教材 2. 教学课件 3. 教学相关视频 4. 教学辅助材料

续上表

序号	学习情境	工作项目	能力要求	任务	教学活动设计	参考学时	教学组织方法及形式	教学资源
11	列车服务	列车自动保护装置（ATP）	**知识：** 1. 掌握列车自动保护系统操作及各部件英文名称 2. 了解 ATS、ATC 系统的功能 **技能：** 1. 能够了解列车自动保护装置运行原理 2. 能够流利地用英语向他人提供帮助 **素质：** 培养学生动手操作能力	1. 学习书本上的对话，并完成习题 2. 学习小短文，并完成练习 3. 欣赏 LCF-100（DT）型地铁、轻轨列车自动防护 ATP 系统	1. 要求学生以小组形式，就老师给出的问题进行讨论，引出本节课的内容 2. 以拼图的方式要求学生以小组为单位，按照语境将对话进行正确的排序，理解对话内容。最后，老师讲解重点词汇、句型，并完成习题 3. 以小组竞赛的方式快速阅读车站各种设备的英文介绍，并完成练习 4. 观看视频资料，欣赏 LCF-100（DT）型地铁、轻轨列车自动防护 ATP 系统	4	1. 分组教学讨论，4～6 人/组 2. 分组练习，小组展示 3. 小组交流，互评 4. 师生互动交流，教师点评	1. 教材 2. 教学课件 3. 教学相关视频 4. 教学辅助材料
12		司机操作	**知识：** 1. 掌握列车运行操作的基本要领 2. 熟悉列车司机操作的工作环境 **技能：** 1. 能够看懂英文操作流程图和读懂英文的驾驶操作设备使用说明书 2. 能够流利地用英语向他人介绍列车的操控 **素质：** 培养学生动手操作和自我提升能力	1. 学习书本上的对话，并完成习题 2. 学习小短文，并完成练习 3. 观看视频，城市轨道交通列车驾驶模拟培训系统	1. 要求学生以小组形式，就老师给出的问题进行讨论，引出本节课的内容 2. 以拼图的方式要求学生以小组为单位，按照语境将对话进行正确的排序，理解对话内容。最后，老师讲解重点词汇、句型，并完成习题 3. 以小组竞赛的方式快速阅读车站各种设备的英文介绍，并完成练习 4. 观看视频资料，城市轨道交通列车驾驶模拟培训系统。如条件允许学生可以模拟驾驶练习	2	1. 分组教学讨论，4～6 人/组 2. 分组练习，小组展示 3. 小组交流，互评 4. 师生互动交流，教师点评	1. 教材 2. 教学课件 3. 教学相关视频 4. 教学辅助材料

续上表

序号	学习情境	工作项目	能力要求	任务	教学活动设计	参考学时	教学组织方法及形式	教学资源
13	列车服务	故障处理	**知识：** 1. 掌握故障处理的一些必备常识 2. 掌握专业词汇的读法及拼写 **技能：** 能够判断并处理简单的列车故障 **素质：** 培养学生动手操作和自我提升能力	1. 学习书本上的对话，并完成习题 2. 学习小短文，并完成练习 3. 观看视频，学习简单的列车故障处理方法	1. 要求学生以小组形式，就老师给出的问题进行讨论，引出本节课的内容 2. 以拼图的方式要求学生以小组为单位，按照语境将对话进行正确的排序，理解对话内容。最后，老师讲解重点词汇、句型，并完成习题 3. 以小组竞赛的方式快速阅读车站各种设备的英文介绍，并完成练习 4. 观看视频，学习简单的列车故障处理方法	2	1. 分组教学讨论，4～6人/组 2. 分组练习，小组展示 3. 小组交流，互评 4. 师生互动交流，教师点评	1. 教材 2. 教学课件 3. 教学相关视频 4. 教学辅助材料
14	控制中心	地铁信号系统	**知识：** 1. 熟悉地铁信号系统相关的操作流程 2. 掌握专业词汇的读法及拼写 **技能：** 能够用英语简单的介绍地铁信号系统的操作 **素质：** 培养学生语言表达和自我提升能力	1. 学习书本上的对话，并完成习题 2. 学习小短文，并完成练习 3. 观看视频，香港地铁的信号系统	1. 了解什么是地铁信号系统 2. 学习本部分内容中的专业词汇 3. 熟悉地铁信号系统的操作流程 4. 观看视频，香港地铁的信号系统	2	1. 分组教学讨论，4～6人/组 2. 分组练习，小组展示 3. 小组交流，互评 4. 师生互动交流，教师点评	1. 教材 2. 教学课件 3. 教学相关视频 4. 教学辅助材料
15		火灾报警系统（FAS）	**知识：** 1. 熟悉火灾报警系统相关的功能 2. 掌握专业词汇的读法及拼写 **技能：** 能够熟练地运用地铁站及列车上的火灾报警系统 **素质：** 培养良好职业道德、较强操作和管理实践能力	1. 学习书本上的对话，并完成习题 2. 学习小短文，并完成练习 3. 观看视频，中国地铁火灾报警系统简介	1. 了解什么是火灾报警系统 2. 学习本部分内容中的专业词汇 3. 熟悉火灾报警系统的结构与功能 4. 观看视频，中国地铁火灾报警系统简介	2	1. 分组教学讨论，4～6人/组 2. 分组练习，小组展示 3. 小组交流，互评 4. 师生互动交流，教师点评	1. 教材 2. 教学课件 3. 教学相关视频 4. 教学辅助材料

续上表

序号	学习情境	工作项目	能力要求	任务	教学活动设计	参考学时	教学组织方法及形式	教学资源
16	控制中心	环控系统（BAS）	**知识：** 1. 掌握环控系统的结构和功能 2. 掌握专业词汇的读法及拼写 **技能：** 能够熟练地监控地铁站空调、隧道及其他设备的通风情况 **素质：** 培养良好职业道德、较强操作和管理实践能力	1. 学习书本上的对话，并完成习题 2. 学习小短文，并完成练习 3. 观看视频，全球最美的十大地铁站	1. 了解什么是环控系统 2. 学习本部分内容中的专业词汇 3. 熟悉环控系统的结构与功能 4. 观看视频，全球最美的十大地铁站	2	1. 分组教学讨论，4～6人/组 2. 分组练习，小组展示 3. 小组交流，互评 4. 师生互动交流，教师点评	1. 教材 2. 教学课件 3. 教学相关视频 4. 教学辅助材料
17		学习汇报	**知识：** 1. 掌握一定量的英语基础词汇，专业词汇 2. 了解站台内各种售检票机器的基本操作 3. 了解客运服务的整体工作流程 **技能：** 1. 能够运用所学知识，完成学期汇报 2. 通过学习，能够用英文流畅地提供客运服务 **素质：** 1. 培养良好职业道德、心理素质和管理实践能力 2. 培养不断自我追求、自我提高职业精神	课程学习总体汇报（前两个课时准备，后两个课时做汇报）	模拟客运服务的整个工作流程及可能出现的各种情况，各种设备使用的讲解，小组分工，进行分组练习，汇报展示（以上活动均以英语展示）	4	1. 分组讨论，8人/组 2. 师生互动交流 3. 分组汇报，互评，自评，老师评价	汇报PPT、视频资料
合计						60		

(3)教材内容坚持以学生为本、为教学服务,注意内容的前沿性及实战性。教材内容应以多种形式呈现(如图、文、表等),提高学生的学习兴趣,加深学生对运输管理实务知识的理解与掌握。

(4)编写教材必须遵循大纲要求,注意总结教学经验,体现循序渐进的原则,要注意由浅入深、由易到难,对于教材中的关键点、难点、重点,尤其要阐述透彻。

3. 教材、教学参考资料使用建议

教材建议选用近三年出版的高职高专规划教材,也可以选择相应的辅助教材。

主要参考教材如下:

(1)赵巍巍,《城市轨道交通专业英语》,人民交通出版社,2011 年出版。

(2)赵巍巍,《城市轨道交通客运服务英语》,人民交通出版社, 2012 年出版。

(3)徐胜南,《城市轨道交通客运服务英语》,人民交通出版社,2011 年出版。

(4)杨国平,《城市轨道交通实用英语》,外语教学与研究出版社,2012 年出版。

相关网站如下:

(1)http://boke. 2500sz. com/index. php/video/index/69297.

(2)http://wenku. baidu. com/view/2a97434fe518964bcf847c72. html.

(3)http://www. cnsb. cn/html/news/256/show_256487. html.

(4)http://www. chinametro. net/.

(5)http://www. metrofans. sh. cn/.

(6)http://jpkc. gtxy. cn/kyzz/kyzzdy/gbindex. asp.

(7)http://www. ccmetro. com/.

(二)教学建议

(1)充分利用校内外实训条件,以教师为主导、学生为主体,实施"教、学、练"一体的教学模式。

(2)针对课程内容和学生特点,灵活使用情境设置、角色扮演、现场演示、案例分析、小组讨论、模拟实训等多种教学方法,引导学生参与,增强互动,培养学生的动手及自主创新能力。

(3)教学过程中,根据城市轨道交通客运组织特点变化及时调整教学内容,重视新方法、新技术的引入,注重学生职业能力和素质培养。

(三)教学考核评价建议(表 4-11)

学期教学评价 = 过程考核(60%)+ 期末考核(40%)。

注重过程考核,过程评价包括平时表现(作业、互动活动、出勤等)、项目作业、校内模拟实训等内容,重点考查学生的实操能力和职业素质。

期末考核考查学生对本学期理论知识掌握程度,采用闭卷考试形式。

教学评价 表 4-11

评定项目		评价内容与方式	分值权重	总分比例
过程考核(100)	平时表现	包括日常作业、考勤、课堂表现等方面,按小组评价占 30% 和教师评价占 70% 的方式记分	0.4	60%
	项目汇报	以学习小组为单位完成各学习情境的项目作业,并以 PPT 等形式进行汇报,考查分工合作、信息收集、语言表达等方面能力,按小组互评占 60%、教师评价占 40% 的方式记分	0.6	

续上表

评定项目		评价内容与方式	分值权重	总分比例
期末考核（100）	期末考试	以笔试为主，考查岗位应知应会知识的掌握程度		40%
考核总成绩		采用百分制，总成绩为“过程考核成绩×60%+期末考核成绩×40%”		

（四）课程资源的开发与利用

（1）加强常用课程资源的开发，建立多媒体课程资源的数据库，努力实现跨学校多媒体资源的共享，以提高资源利用效率。

（2）实现课程资源网络化，充分利用诸如电子书籍、电子期刊、数据库、数字图书馆、教育网站和电子论坛等网络信息资源，使教学媒体从单一媒体向多种媒体转变；使教学活动从信息的单向传递向双向交互转变；使学生从单独的学习向合作学习转变。

（五）其他说明

本课程标准适用于新疆交通职业技术学院城市轨道交通运营管理专业。

课程19 市场营销

课程名称:市场营销
课程性质:专业拓展课
建议学时:30学时
适用专业:城市轨道交通运营管理

一、前言

(一)课程定位

市场营销是城市轨道交通运营管理专业的一门专业拓展课程,其目标是使学生初步了解市场营销的基本理论和方法,为将来实际工作提供支持和帮助。通过本课程的学习,使学生掌握市场营销的基本概念和规律,并培养学生在实践活动中具有合理运用营销手段、组织和实施营销活动进而达到营销目的的能力。

(二)设计思路

以就业为导向,彻底打破原有课程的理论教学体系,突出课程的应用性和操作性。遵循学生职业能力的培养,以社会、企业实际营销岗位及岗位群要求的工作任务和职业能力分析为依据,按照营销岗位的工作流程为顺序把课程内容整合成感悟营销、商情调查、商机选择、商计策划、商务实战等相互关联的5个学习情景,每个学习情境下又根据实际工作需要划分为若干工作项目,工作项目下又设计了具体的操作步骤,即一个个更为具体的工作任务,构建了集理论、方法、实践操作为一体的理论、实践一体化教学内容体系。学生以项目为载体,从信息的收集、方案的设计与实施到完成后的评价,都自主负责。

二、课程目标

(一)知识目标

(1)熟悉市场营销活动的主要流程。
(2)熟悉市场营销活动的一般规律。

(二)技能目标

(1)具备能敏锐地发现市场需求的能力。
(2)具备快速熟悉所经营的产品及行业或企业背景的能力。
(3)具备对具体的市场需求进行细分并有效选择目标市场的能力。
(4)具备针对目标市场,根据具体的营销环境有针对性地策划、组织营销活动的能力。

市场营销课程内容与要求

表 4-12

序号	工作项目	能力要求	任务	教学活动设计	参考学时	教学组织方法及形式	教学资源
1	项目一 日常生活用品市场营销	**知识：** 1. 掌握分析日常生活用品背景行业及其竞争者的方法和流程 2. 掌握日常生活用品市场调研的方案和调查问卷的设计方法，以及营销调研的基本方法 3. 以日常生活用品消费者市场为例，掌握地理因素细分、人口细分、心理细分、行为细分的方法 4. 掌握日常生活用品目标市场定位的方法和定位的具体流程 5. 掌握与日常生活用品产品有关的计划与决策，并能为背景企业设计产品品牌及包装等策略，进行新产品创意活动 6. 了解日常生活用品企业定价目标，重点掌握企业定价的方法以及定价的策略 7. 了解日常生活用品企业分销渠道的种类、中间商的特点、功能和主要类型 8. 了解日常生活用品广告的基本要素及广告促销策略的基本特点、主要方法，掌握广告媒体选择的依据及广告促销效果评价的手段 **技能：** 1. 能够根据所获得的调研资料，进行日常生活用品市场分析，提出建议，并撰写调研报告 2. 能评估细分市场，并对进入哪些市场和多少个细分市场做出决策 3. 能为日常生活用品背景企业产品制订分销渠道策略 4. 掌握访客计划书的撰写，能够访问客户，与客户沟通 5. 能够起草销售合同，开具发票 6. 能够撰写客户维护计划书，设计客户投诉处理办法 **素质：** 1. 通过对实际工作问题的分析、寻找解决问题的方法，培养学生发现问题、分析问题和解决问题的能力，让学生学会独立思考，培养学生的学习能力和工作能力 2. 培养学生吃苦耐劳、爱岗敬业的良好职业道德	1. 课程介绍及团队建设	1. 介绍本学期教学内容、教学方法、考核方式及上课要求 2. 班级分组，完成团队建设（队名、队呼、队标、人员分工）	2	1. 利用多媒体给全员讲授 2. 分组讨论，6～8人/组 3. 师生互动交流	1. 工具：记号笔（每组黑、蓝、红各一支）、白板纸、磁力贴 2. 设备：投影
			2. 寻找市场	1. 日常生活用品型市场状况分析 2. 日常生活用品型顾客调查 3. 日常生活用品型撰写调研报告	2	1. 多媒体 2. 全员讲授 3. 任务分配 4. 案例分析 5. 小组互评 6. 老师点评	1. 工具：记号笔、战牌、磁力贴、工具夹、各种销售工具 2. 设备：投影、音响 3. 教学资源：教学课件、车型资料
			3. 选择顾客	1. 日常生活用品型客户细分 2. 日常生活用品型目标顾客选择 3. 日常生活用品型市场定位	2		
			4. 确定营销策略	1. 日常生活用品型产品策略 2. 日常生活用品型定价策略 3. 日常生活用品型渠道策略 4. 日常生活用品型广告促销 5. 日常生活用品型营业推广	4		
			5. 产品销售	1. 日常生活用品型客户寻找与拜访 2. 日常生活用品型达成交易 3. 日常生活用品型客户维护	2		

续上表

序号	工作项目	能力要求	任务	教学活动设计	参考学时	教学组织方法及形式	教学资源
2	项目二 服装类 市场营销	**知识：** 1. 掌握分析服装类背景行业及其竞争者的方法和流程 2. 掌握服装类市场调研的方案和调查问卷的设计方法，以及营销调研的基本方法 3. 以服装类消费者市场为例，掌握地理因素细分、人口细分、心理细分、行为细分的方法 4. 掌握服装类目标市场定位的方法和定位的具体流程 5. 掌握与服装类产品有关的计划与决策，并能为背景企业设计产品品牌及包装等策略，进行新产品创意活动 6. 了解服装类企业定价目标，重点掌握企业定价的方法以及定价的策略 7. 了解服装类企业分销渠道的种类、中间商的特点、功能和主要类型 8. 了解服装类广告的基本要素及广告促销策略的基本特点、主要方法，掌握广告媒体选择的依据及广告促销效果评价的手段 **技能：** 1. 能够根据所获得的调研资料，进行服装类市场分析，提出建议，并撰写调研报告 2. 能评估细分市场，并对进入哪些市场和多少个细分市场做出决策 3. 能为服装类背景企业产品制订分销渠道策略 4. 掌握访客计划书的撰写，能够访问客户，与客户沟通 5. 能够起草销售合同，开具发票 6. 能够撰写客户维护计划书，设计客户投诉处理办法 **素质：** 1. 通过对实际工作问题的分析、寻找解决问题的方法，培养学生发现问题、分析问题和解决问题的能力，让学生学会独立思考，培养学生的学习能力和工作能力 2. 培养学生吃苦耐劳、爱岗敬业的良好职业道德	1. 寻找市场	1. 服装类型市场状况分析 2. 服装类型顾客调查 3. 服装类型撰写调研报告	2	1. 多媒体 2. 全员讲授 3. 任务分配 4. 案例分析 5. 小组互评 6. 老师点评	1. 工具：记号笔、战牌、磁力贴、工具夹、各种销售工具 2. 设备：投影、音响 3. 教学资源：教学课件、车型资料
			2. 选择顾客	1. 服装类型客户细分 2. 服装类型目标顾客选择 3. 服装类型市场定位	2		
			3. 确定营销策略	1. 服装类型产品策略 2. 服装类型定价策略 3. 服装类型渠道策略 4. 服装类型广告促销 5. 服装类型营业推广	4		
			4. 产品销售	1. 服装类型客户寻找与拜访 2. 服装类型达成交易 3. 服装类型客户维护	2		

续上表

<table>
<tr><th>序号</th><th>工作项目</th><th>能 力 要 求</th><th>任务</th><th>教学活动设计</th><th>参考学时</th><th>教学组织方法及形式</th><th>教学资源</th></tr>
<tr><td rowspan="4">3</td><td rowspan="4">项目三
食品类
市场营销</td><td rowspan="4">知识：
1. 掌握分析食品类背景行业及其竞争者的方法和流程
2. 掌握食品类市场调研的方案和调查问卷的设计方法，以及营销调研的基本方法
3. 以食品类消费者市场为例，掌握地理因素细分、人口细分、心理细分、行为细分的方法
4. 掌握食品类目标市场定位的方法和定位的具体流程
5. 掌握与食品类产品有关的计划与决策，并能为背景企业设计产品品牌及包装等策略，进行新产品创意活动
6. 了解食品类企业定价目标，重点掌握企业定价的方法以及定价的策略
7. 了解食品类企业分销渠道的种类、中间商的特点、功能和主要类型
8. 了解食品类广告的基本要素及广告促销策略的基本特点、主要方法，掌握广告媒体选择的依据及广告促销效果评价的手段
技能：
1. 能够根据所获得的调研资料，进行食品类市场分析，提出建议，并撰写调研报告
2. 能评估细分市场，并对进入哪些市场和多少个细分市场做出决策
3. 能为食品类背景企业产品制订分销渠道策略
4. 掌握访客计划书的撰写，能够访问客户，与客户沟通
5. 能够起草销售合同，开具发票
6. 能够撰写客户维护计划书，设计客户投诉处理办法
素质：
1. 通过对实际工作问题的分析、寻找解决问题的方法，培养学生发现问题、分析问题和解决问题的能力，让学生学会独立思考，培养学生的学习能力和工作能力
2. 培养学生吃苦耐劳、爱岗敬业的良好职业道德</td><td>1. 寻找市场</td><td>1. 食品类型市场状况分析
2. 食品类型顾客调查
3. 食品类型撰写调研报告</td><td>2</td><td rowspan="4">1. 多媒体
2. 全员讲授
3. 任务分配
4. 案例分析
5. 小组互评
6. 老师点评</td><td rowspan="4">1. 工具：记号笔、战牌、磁力贴、工具夹、各种销售工具
2. 设备：投影、音响
3. 教学资源：教学课件、车型资料</td></tr>
<tr><td>2. 选择顾客</td><td>1. 食品类型客户细分
2. 食品类型目标顾客选择
3. 食品类型市场定位</td><td>2</td></tr>
<tr><td>3. 确定营销策略</td><td>1. 食品类型产品策略
2. 食品类型定价策略
3. 食品类型渠道策略
4. 食品类型广告促销
5. 食品类型营业推广</td><td>2</td></tr>
<tr><td>4. 产品销售</td><td>1. 食品类型客户寻找与拜访
2. 食品类型达成交易
3. 食品类型客户维护</td><td>2</td></tr>
<tr><td colspan="5">合计</td><td colspan="3">30</td></tr>
</table>

(5)具备有效地组织和控制营销活动,并对营销活动进行客观评估的能力。

(三)素质目标

(1)能够组建工作团队,进行有效沟通;与团队成员分工协作,有较强的责任意识。

(2)通过对实际工作问题的分析、寻找解决问题的方法,培养学生发现问题、分析问题和解决问题的能力,让学生学会独立思考,培养学生的学习能力和工作能力。

(3)培养学生吃苦耐劳、爱岗敬业的良好职业道德。

三、课程内容与要求(表4-12)

课程20 仓储管理

课程名称:仓储管理
课程性质:专业拓展课
建议学时:36学时(教、学、做一体)
适用专业:城市轨道交通运营管理、物流管理(交通运输)

一、前言

(一)课程定位

仓储管理是城市轨道交通运营管理专业的一门专业拓展课。本课程从了解仓储活动入手,研究如何管理才能以最低的仓储总成本提供满意的客户服务。课程设置的目的是通过本课程的学习与实践,为后续课程设计、毕业设计打下重要基础,并可使学生在毕业后能直接从事相关物流企业的技术工作,通过掌握仓库的规划与设计、出入库操作等培养学生在从工作中坚持"重绩效考核与评价"的管理理念,在本专业中有着无可替代的地位。该课程的前置课程有物流管理基础、管理学原理、物流设备管理。

(二)设计思路

本课程标准以学生的就业为导向,根据行业专家对专业所涵盖的岗位群进行的任务和职业能力分析,以本专业共同具备的岗位职业能力为依据,遵循学生认知规律,紧密结合职业资格证书中仓储管理的知识和技能要求,按照商品入库作业、商品在库管理、商品出库作业等具体实践过程安排学习项目,使学生掌握仓储作业的基本操作要领。

二、课程目标

(一)总体目标

通过模拟软件实训、市场调研、参观考察、多媒体教学等多种教学方式的结合,以仓储作业工作任务为项目进行课程设计,使学生能够按照仓储知识准备、仓储作业操作、仓储作业评价等三个项目要求,掌握仓储管理的基本知识、仓储作业、仓储作业评价的专业技能,具备相应的学习能力和实践能力,同事能够满足高素质劳动者和中初级专门人才所必需的仓储管理的节能要求,为助理物流师职业技能证书考核储备必要的专业知识和技能。

(二)具体目标

1.职业能力培养目标

(1)能够熟练进行货物入库理货操作。

(2)能够熟练使用和操作仓储作业的主要设备。

(3)能够熟练的进行进仓储通知单的填写与仓储合同的签订。

(4)能够熟练运用仓储管理软件模块。

(5)能够熟练进行仓库盘点操作。

(6)能对库内物品进行保养与维护。

(7)具有控制库存的能力。

(8)能够掌握文明作业、环境保护的相关规定及内容。

(9)能够熟练进行仓储业务收费操作和仓储成本控制及分析。

(10)会基本规划仓库各功能区。

2. 知识目标

(1)掌握仓库规划与布局的知识。

(2)掌握货架、叉车与托盘等设施设备的结构。

(3)掌握仓库盘点程序、技术和方法知识。

(4)掌握商品保管和养护知识。

(5)掌握理货操作流程知识。

3. 素质目标

(1)培养学生吃苦耐劳、爱岗敬业等良好的职业道德。

(2)树立成本意识、质量意识、效率意识、服务意识、环保意识。

(3)形成发现问题、分析问题和解决问题的方法能力。

(4)锻炼学生合作与沟通的社会能力。

(5)能够按商务礼仪的要求养成良好的言行举止习惯。

(6)能够运用合同法的知识增强法律责任意识和依法维权意识。

(7)训练学生计划观念、全局观念。

(8)训练和培养学生自觉遵守规章制度、树立安全第一的观念。

(9)能够培养学生管理创新能力。

(10)训练和培养学生在从工作中坚持“重绩效考核与评价”的管理理念 。

三、课程内容与要求(表4-13)

课程内容分为3个项目,托盘货物仓储管理作、散装货物仓储管理作业、件杂货物仓储管理作业。托盘货物仓储管理作项目以托盘货物仓储管理为主线,了解托盘货物仓储的作用、任务和职责,掌握现代仓库的选址及规划原则并能分析设计除简单仓库布局图,掌握托盘货物仓库全部操作,主要包括签订合同、验收货物、入库作业管理操作、在库作业管理操作、出库作业管理操作;散装货物仓储管理作业项目以散装货物仓储作业任务为主线,掌握仓储作业计划的制订,掌握散装货物仓库全部操作,主要包括签订合同、验收货物、入库作业管理操作、在库作业管理操作、出库作业管理操作。件杂货物仓储管理作业项目以件杂货物仓储作业任务为主线,掌握件杂货物仓库全部操作,主要包括签订合同、验收货物、入库作业管理操作、在库作业管理操作、出库作业管理操作,包括库存水平控制操作和仓储作业绩效评价。采用教、学、做一体化教学模式。教学内容围绕基础性和前沿性进行,以培养学生创新思维和实践能力为目的,集传统教学方法及案例教育、多媒体、网络教学、企业实践等现代教育手段,理论联系实际,融知识传授、能力培养和素质教育于一体,并重视培养学生的岗位职业道德、实际动手能力、岗位适应能力、可持续发展能力,提高学生的技术应用能力和综合素质,以适应物流类企业对岗位职业能力的要求。

四、实施建议

(一)教材选用和编写建议

1. 教材选用

建议选用示范建设校企合作教材《仓储管理实务》,人民交通出版社。该教材内容按照企业作业流程编写每个工作任务,并通过案例分析和实训操作来强化学习,是一本比较适合高职高专的教材。

2. 教材、教学参考资料使用建议

本课程教学可参考下列资料:

(1) 王宗喜等译,物流与库存控制管理手册,电子工业出版社,2003 年 12 月出版。

(2)真虹、张婕姝,物流企业仓储管理与实务,中国物资出版社,2004 年 8 月出版。

(3)郭元萍主编,仓储管理与实务,中国轻工业出版社,2004 年 11 月出版。

(4)刘军,左生龙编著,现代仓储作业管理,中国物资出版社,2005 年 10 月出版。

(5)田源编著,仓储管理,机械工业出版社,2005 年 9 月出版。

(二)教学建议

立足于加强学生实际实践能力的培养,采用项目教学,以工作任务引领提高学生学习兴趣,激发学生的成就动机。本课程教学的关键是实例教学,以典型案例为载体,在教学过程中,教师示范和学生分组讨论、训练互动,学生提问与教师解答、指导有机结合,让学生在“教、学、做”过程中,掌握仓储的方法。

在教学过程中,要更多的示例加大实践能力,在实践过程中,使学生掌握仓储管理、商品分拨配送、商品加工管理与操作及商品包装与检验检疫操作技能,提高学生的岗位适应能力。

应用多媒体、投影等教学资源辅助教学,帮助学生熟悉工作现场、流程及控制要点;重视本专业领域新技术、新工艺发展趋势,贴近现实场景。为学生提供职业生涯发展的空间,努力培养学生参与社会实践的创新精神和职业能力。

积极引导学生提升职业素养,提高职业道德。

(三)教学考核评价建议

(1)改革传统的学生评价手段和方法,采用阶段评价,过程性评价与目标评价相结合,项目评价,理论与实践一体化评价模式。

(2)关注评价的多元性,结合课堂提问、学生作业、平时测验、课程设计及考试情况,综合评价学生成绩。

(3)应注重学生动手能力和实践中分析问题、解决问题能力的考核,对在学习和应用上有创新的学生应予特别鼓励,全面综合评价学生能力。

(四)课程资源的开发与利用

(1)注重教学指导和新技术教材的开发和应用。

仓储管理课程内容与要求

表 4-13

序号	工作项目	能力要求	任务	教学过程	参考学时	教学组织方法及形式
1	项目一 托盘货物仓储管理作业	**知识：** 能够理解和掌握仓储管理的概念、仓储规划设计和仓储作业整体流程及设备组成 **技能：** 会绘制组托图、堆高车、叉车、地牛的使用 **素质：** 培养认真的学习态度和严谨的工作态度	1. 签订仓储合同	1. 保管方仓储准备（仓储规划、设计、仓储设备采购）；存货人货物准备（存货类别、存货要求…） 2. 分组模拟仓储合同签订 3. 仓储合同样本点评	2	以具体托盘货物仓储作业任务为导向，学生分组完成，“教、学、做”一体
			2. 验收货物	1. 验收准备（人员准备、文件准备、器具准备、防护准备、设备准备）——重点：仓储设备认知 2. 核对凭证（入库通知单、订货合同、协议书、质量证明书、合格证，装箱单或磅码单，检验单及发货明细账、运输单位提供的运单） 3. 实物检验（数量检验、质量检验）	2	
			3. 货物入库	1. 货物组托（托盘认知、组托图绘制、组托技巧） 2. 货物上架（地牛、堆高车、叉车的使用，托盘货架入库上架） 3. 5S 现场管理	2	
			4. 货物保管	1. 堆码与苫垫 2. 仓库的温度与湿度控制、消防措施 3. 货物的在库检查（盘点）	2	
			5. 货物出库	1. 初核出库单（出库单据问题处理） 2. 拣货作业（（地牛、堆高车、叉车的使用，托盘货架、驶入式货架、自动立库出库下架） 3. 发货装车作业（货物装车积载） 4. 复核储存（货物数量问题处理）	4	

续上表

序号	工作项目	能力要求	任务	教学过程	参考学时	教学组织方法及形式
2	项目二 散装货物仓储管理作业	**知识：** 能够理解和掌握散装货物的库存管理 **技能：** 会绘制储位图、ABC 物动量分析、掌握订单有效性分析、客户优先权分析、流水线、阁楼货架、电子标签货架、自动分拣线等设备的使用 **素质：** 培养认真的学习态度和严谨的工作态度	1. 签订仓储合同、制订仓储作业计划（入库计划、出库计划）	1. 保管方仓储准备 2. 分组模拟仓储合同签订 3. 仓储合同样本点评 4. 入库计划制订（ABC 物动量分析、储位图） 5. 出库计划制订（订单有效性分析、客户优先权分析）	6	以具体散装货物仓储作业任务为导向，学生分组完成，“教、学、做”一体开展教学
			2. 验收货物	1. 验收准备 2. 核对凭证 3. 实物检验	4	
			3. 货物入库	1. 货物组托、流水线组配 2. 货物上架、阁楼货架入库 3. 5S 现场管理		
			4. 货物保管	1. 堆码与苫垫 2. 仓库的温度与湿度控制、消防措施 3. 货物的在库检查（盘点）		
			5. 货物出库	1. 初核出库单（出库单据问题处理） 2. 拣货作业（电子标签货架、摘果式拣选、播种式拣选、自动分拣线） 3. 发货装车作业 4. 复核储存	4	

续上表

序号	工作项目	能力要求	任务	教学过程	参考学时	教学组织方法及形式
3	项目三 件杂货物仓储管理作业	**知识：** 能够理解和掌握配送中心件杂货物仓储管理的作业整体流程及仓储成本控制 **技能：** 会制作仓储配送作业方案、掌握WMS仓储管理系统、手持、打包机、封口机、热收缩机、驶入式货架、自动立库等设备的使用 **素质：** 培养认真的学习态度和严谨的工作态度	1. 签订仓储合同	1. 保管方仓储准备 2. 分组模拟仓储合同签订 3. 仓储合同样本点评 4. 入库计划制订 5. 出库计划制订（配送路径优化、甘特图、作业成本控制） 6. 制作仓储配送作业方案	4	以具体托盘货物仓储作业任务为导向，学生分组完成，“教、学、做”一体
			2. 验收货物	1. 验收准备 2. 核对凭证 3. 实物检验	2	
			3. 货物入库	1. 货物组托、流水线组配、WMS、手持 2. 货物上架、阁楼货架入库、电子标签货架补货、自动立库入库、驶入式货架入库 3. 5S现场管理		
			4. 货物保管。	1. 堆码与苫垫 2. 仓库的温度与湿度控制、消防措施、危险品管理 3. 货物的在库检查（盘点）	2	
			5. 货物出库	1. 初核出库单（出库单据问题处理） 2. 拣货作业（地牛、堆高车、叉车的使用，托盘货架、驶入式货架、自动立库出库下架；电子标签货架、摘果式拣选、播种式拣选、自动分拣线；打包机、封口机、热收缩机对出库商品加工） 3. 发货装车作业 4. 复核储存	2	
合计					36	

(2)注重课程资源和现代化教学资源的开发和利用,这些资源有利于创设形象生动的工作情境,激发学生的学习兴趣,促进学生对知识的理解和掌握。同时,建议加强课程资源的开发,建立多媒体课程资源的数据库,努力实现跨学校多媒体资源的共享,以提高课程资源利用效率。

(3)积极开发和利用网络课程资源,充分利用诸如电子书籍、电子期刊、数据库、数字图书馆、教育网站和电子论坛等网上信息资源,使教学从单一媒体向多种媒体转变;教学活动从信息的单向传递向双向交换转变;学生单独学习向合作学习转变。同时应积极创造条件搭建远程教学平台,扩大课程资源的交互空间。

(4)产学合作开发课程资源,充分利用本行业典型的生产企业的资源,进行产学合作,建立实习实训基地,实践"工学"交替,满足学生的实习实训,同时为学生的就业创造机会。